조선시대의 산학총서

이수신편(理藪新編) 제21권

산학입문
(算學入門)

서명산인 황윤석(西溟散人 黃胤錫) 편집
강신원·장혜원 옮김

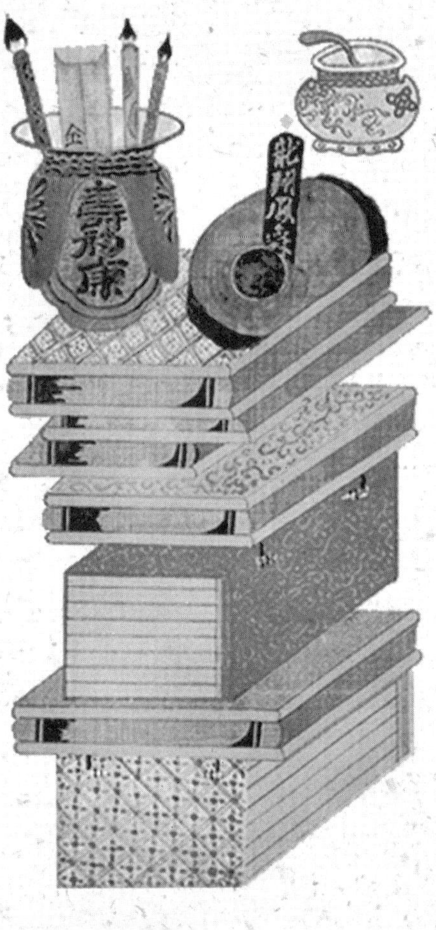

教友社

조선 시대의 산학서를 내면서

한국수학사학회에서는 한국학술진흥재단이 지원한 2002년도 기초학문육성지원사업(인문사회분야 국학고전연구)의 일환으로 연구 과제 《조선 시대의 산학서 번역》을 수행했다. 이의 목적은 다음과 같다.

(1) **한국 수학사 연구의 기초 마련** 우리의 전통 수학을 체계적으로 번역하고 현대적인 관점에서 해석한 결과물을 제시함으로써, 이에 대한 연구를 자극하는 촉진제와 연구의 기초를 마련한다.

(2) **고전에 대한 접근 용이성 및 자료 보급** 고전 문헌을 현대어로 번역함으로써, 많은 사람들에게 우리의 전통 수학을 접할 수 있는 기회를 제공한다.

이를 위해 다음과 같은 10종의 산학서를 선택하여 번역했다.

『默思集算法』 천・지・인 3권
『九數略』 건・곤 2권
『九一集』 천・지・인 3권
『算學入門』(『이수신편』 21・22권) 2권
『算學本源』(『이수신편』 23권) 1권
『算術管見』 1권
『借根方蒙求』 건・곤 1권
『翼算』 상・하편 2권
『測量圖解』 1권
『劉氏句股述要圖解』 1권

한국수학사학회 회장

역자 서문

황윤석(黃胤錫, 1729～1791)은 영조 5년 기유(己酉)에 출생하여 정조 15년(辛亥)에 작고한 실학 시대의 학자이다. 자는 영수(永叟), 호는 이재(頤齋), 본관은 평해(平海)이고, 참봉(參奉) 전(壥)의 아들이다. 1759년(영조 35) 사마시(司馬試)에 합격하고, 1766년 유일(遺逸)로 천거되어 여러 관직을 거쳐 익찬(翊贊)에 이르렀다. 실학 시대의 학풍을 이어받아 종래의 이학(理學)과 서구 학문의 조화를 시도하였다. 저서로는 <이재유고(頤齋遺稿)> 26권 12책, <이수신편(理藪新編)> 23권 18책, <이재속고(頤齋續稿)> 14권 7책을 위시하여 다방면에 걸쳐 논저가 다수 있다. <이재유고>에 들어있는 화음방언자의해(華音方言字義解)와 자모변(子母辨)은 오늘날 국어 연구에 좋은 자료가 되고 있어 언어학자로도 알려져 있다. 경서(經書), 사집(史集), 심성(心性), 이기(理氣), 성음(聲音), 서예(書藝), 도서(圖書), 의약(醫藥) 등을 지나치게 공부하여 건강을 해치고 37세에 현기와 안질로 고생하여 말년에 이르러서는 거의 실명에 가까웠다고 한다.

<이수신편>은 영조 50년인 1774년 이재 46세 때 완성되었는데, 평생의 연구와 당시 문제점으로 생각하였던 것을 정리하고 수집한 것으로 이재의 학문의 폭을 짐작하게 한다. 그러나 그 내용은 중국과 국내의 논저들을 발췌·전재한 것이 대부분이어서 이재의 창작물로 오해해서는 안된다고 한다.

이 중에서 수학에 관한 것은 21～23권이다. 21권과 22권은 <산학입문(算學入門)>, 23권은 <산학본원(算學本源)>이라는 제목이 붙어있고, 서명산인 황윤석 편집이라고 되어 있다.

이수신편 제21권 <산학입문>을 보면, 처음에 중국 산서의 가장 오래된 고전인 <구장산술(九章算術)>에 대한 개요를 소개하고 있다. 중국의 수학이 그것으로부터 시작하기 때문이다. 다음은 당시의 모든 계산을 산대로 하였기 때문에 <산학계몽(算學啓蒙)>에 있는 수의 산대 표현 방법을 설명하는 포산결(布算訣)을 다루고 있다. 한자로 수를 표시하는 문자 一, 二, 三, 四, …는 가감승제의 사칙연산에 불편하다는 이유로 전혀 사용되지 않고 대신 산대가 쓰였다. 현재 우리가 산서를 읽을 때 이 점을 명심할 필요가 있다. 물론 우리가 현재 쓰고 있는 인도-아라비아 숫자

1, 2, 3, 4, …는 당시에 사용되지 않았으므로, 이 번역본에 나오는 인도-아라비아 숫자는 산대로 표시된 수를 편의상 그와 같이 나타낸 것에 불과하다.

이어 대수와 소수의 표시법, 도량형의 단위와 명칭을 다루고 있다. 이 단위와 명칭은 중국의 왕조와 시대, 지형, 사회 생활의 변동에 따라 달리하고 있어, 이것을 광범위한 참고 자료에 근거하여 상세히 소개한 저자의 박학다식에 놀랄 뿐이다. 승법과 제법에 관한 산대 연산은 <상명산법(詳明算法)>, <산학계몽>, <양휘산법(揚輝算法)> 등에 있는 원문을 그대로 인용하여 설명하고 있다. 천산송에서는 <손자산경(孫子算經)>에 있는 전관술(剪管術)에 대해 소개하고, <양휘산법>과 <산법통종(算法統宗)>에서 인용한 문제들이 있다. 고무해세, 절변호차, 쌍거호환, 구차분화, 차분균배는 <구장산술>을 위시하여 어떠한 산서에서도 다루고 있는 우리 생활에 직접 관련 있는 문제들이다. 쌍률분신술에서는 <장구건산경(張丘建算經)>에 있는 백계문(百鷄問)을 원문 그대로 인용하고 있다.

한편, 이수신편 제22권에 수록된 <산학입문>의 주요 내용은 방전구적법, 반량창고, 상공수축, 퇴적환원, 지분제동법, 영부족법, 방정정부법, 구고현법, 망해도술 등이다. 여기에 있는 문제들은 <상명산법>, <양휘산법>, <산학계몽>에서 인용하였고, 간혹 <산법통종>과 <수리정온(數理精蘊)>에 대한 언급도 있다.

일러두기

이 책은 다음과 같은 사항에 따라 작성하였다.

1. 국역 원본은 다음 책에 수록된 <이수신편 제21권 산학입문>이다.
   한국과학기술사자료대계 수학편 3 (김용운 편, 여강출판사, 1985)

2. 번역은 원문에 충실하게 직역하는 것을 원칙으로 한다.

3. 번역문을 먼저 제시하고 이어 대응하는 원문의 한자어를 제시한다.

4. **이 활자체로 쓰여진 것이 원문에 해당하는 번역 및 원문의 내용이다.**

5. 책의 방대한 내용을 체계적으로 제시하기 위해 각 주제마다 [1], [2], [3], …을 첨부하고 그 아래 소주제에 대해 [1-1], [1-2], …와 같이 번호를 부여하여 작성하였다.

6. 원문에서 저자는 작은 활자로 주해를 첨부하였으나, 번역서에서는 편의상 [ ] 안에 제시하기로 한다.

7. 역자 주는 본문 중의 '☞ 역자 주: ' 및 각주를 이용하여 제시한다. 전자는 내용과 관련하여 좀 더 일반적인 설명을 위해, 후자는 원문의 구체적인 부분과 관련하여 부가적인 설명이나 잘못된 내용을 수정하기 위해 사용한다.

8. 책 이름은 < >로 표시한다.

9. 역자 주에서 인용한 참고문헌은 각주로 처리하여 제시한다.

목차(目次)

이수신편 제 21 권 理數新編卷之二十一

서명산인[1] 황윤석 편집(西溟散人 黃胤錫 編輯)

산학입문 算學入門

황제 때 예수가 산수(算數)를 만들었다.[2] 한나라의 허상과 두충, 오나라의 진치, 위나라의 왕찬 등은 모두 〈구장산술〉을 잘하였다. 산(筭)[3] 이라는 말은 갖고 논다는 것이다. 항상 손에서 갖고 논다는 것은 잘못된 말이 아니다. 그 길이는 6치이고 271개를 한 줌으로 한다. 〈자휘〉[4]에 말하기를 살펴 말하면 본래 산대가 셈을 만든 것이지, 계산 도구로서 흔히 산대를 만들었다고 하는 것은 잘못된 것이다.

〔黃帝時隷首作算數 九章算術 漢許商杜忠 吳陳熾 魏王粲幷善之◯筭之言弄也 常弄乃不誤也 其長六寸 二百七十一枚爲一握◯字彙曰 筭本作算 從具俗作筭非〕

1 구장명수(九章名數)

위나라의 유휘가 말하였다. 〈구장산경〉은 바로 한나라의 장창 등이 여러 가지를 보충하여 엮어낸 주공의 유서이다. 후주라는 나라의 견란이 처음으로 해설하였고, 당나라의 이순풍이 두 번째 주석을 달았다. 양휘에 따르면 황제 때의 책으로는 생각할 수 없다고 하였다. 다음에 말하는 구장의 이름은 〈주례〉에서 정현이 주를 단 것으로, 방전, 속미, 차분, 소광,

---

1) 산인(散人)이란 세상 일을 멀리하고 한가로이 사는 사람을 말한다.
2) 선사 시대 중국에 관한 책 <세본(世本)>에 기록된 전설에 따르면, '황제(BC 26c)가 [⋯] 예수에게 산수를 만들도록 명령하였다.'고 한다.(이엄 외, **중국수학**, 1987)
3) 筭과 算은 모두 음이 '산'이다. 전자는 계산 도구인 산대, 후자는 일반적인 계산을 하는 것을 뜻한다. 여기서의 설명은 筭의 弄이 갖고 논다는 뜻임을 말하여, 곧 弄의 대상이 되는 산대를 말하고자 함이다.
4) <자휘>는 명나라 때 매응조가 저술한 책 이름이다.

상공, 균수, 방정, 영부족, 방요, 지금 있는 중차, 석걸, 구고라고 하였다. 중은 음이 직용반이고 차는 음이 초가반, 초의반의 두 반이다.[5] 석은 음이 적이다. 심이 말하길, 상역반이고 이 두 글자[6]는 정현의 주가 아니다. 지금 있는 주에 의거하여 보면 중차와 구고는 방요와 같고 이것은 하나의 구고법이다. 단 구고는 평면에서 측정한 것이고 방요는 입체에서 측정한 것이며, 중차는 평면과 입체에서 통용되는 방법이다. 평면과 입체는 비록 다르나 그것이 구고가 되는 것은 같다. 오직 석걸의 명칭과 뜻은 알 수 없으나 서문에서 중차, 구고의 사이에 있어 어찌 위아래와 같은 종류이고 서로 가까운 것이 아니겠는가? 석은 또한 작의 잘못이 아닌지 의심이 되고[7] 그 음과 반음으로도 짐작이 간다. 주자가 채서산에게 보낸 편지에서 구장의 이름이 〈주례〉의 주석과 같지 않다고 하였다. 영뉵은 영부족이 아닌지, 구고는 방요가 아닌지 의심스럽다. 다행히 다시 한번 생각하여 보면 알 수 있을 것 같다.

〔魏劉徽曰 九章算經乃漢張蒼等刪補周公之遺書也 後周甄鸞作草 唐李淳風重注 楊輝謂黃帝之書蓋未之考爾◯以下九章之目 周禮鄭玄註云 方田 粟米差分 少廣 商功 均輸 方程 贏不足 旁要 今有重差 夕桀 句股也 重直龍反差初佳初宜二反 夕音的 沈云詳易反此二字非鄭注也 今据此注則重差 句股與旁要同 是一句股法 但句股則平測 旁要則立測而 重差則平立之通用也 平立雖異而 其爲句股則同 惟夕桀名義未詳而 序在重差句股之間 豈亦上下同類而相近者歟 夕又疑勺之誤 以其音及反音可見◯朱子與蔡西山書云 九章之目與周禮注不同 盈朒恐是贏不足 句股恐是旁要 幸更考之見喩也〕

〔1-1〕 방전(方田)

밭을 측정하는 방법이다. 밭의 경계를 다룬다. 다음은 〈만가총람〉과 〈상명산법〉[8]에 나와있다. 〈상명산법〉은 안지제 하평자가 저술한 것으로서

---

5) 모든 한자는 음이 있고 이것을 자전에 발음 부호로 표시하고 있다. 마치 영어 단어의 음을 사전에 발음 부호로 표시하는 것과 같다. 여기서 중을 읽기 위한 발음 부호는 직용반인데, 직의 ‘ㅈ’과 용의 ’ᅟᅲᆼ‘을 합해 대략 ’죵‘과 유사한 발음을 내는 것이다. 마찬가지로, 차는 초가반(’차‘) 또는 초의반(’ᄎᆡ’)으로 읽으라는 것이다. 한 문자가 뜻이 여러 가지 있으면 그때마다 음이 바뀌고 발음 부호로 표시한다.

6) 석걸을 가리킨다.

7) 夕은 勺의 오자로 볼 수 있다는 것이다.

8) 중국 명대 초기(1373)에 안지제(安止齊)가 쓴 두 권으로 된 대중적인 계몽 수학서이다. 수학적인 내용에 있어서는 <산학계몽>이나 <양휘산법>에 미치지 못하

홍무 계축년[9] 봄에 여능 이씨가 명경당에서 간행하였다.
〔量田地之法◯以御田疇界域也◯以下出萬家總覽及詳明算法　詳明算法卽安止齊何平子所述 洪武癸丑春廬陵李氏明經堂刊〕

〔1-2〕 속포(粟布)
속미이다. 포전이다. 돈으로 쌀을 사들일 때 많고 적음을 나타내는 수이다. 속포는 한편으로는 속미라고도 한다. 물건을 서로 사고 바꾸는 것을 다룬다.
〔粟米也 布錢也 蓋以錢糴米多寡之數◯粟布一作粟米◯以御交貿變易也〕

〔1-3〕 충분(衷分)
충은 같다는 것이다. 귀하고 천한 등급은 서로 같지 않으므로, 녹[10]으로 주는 쌀의 수도 역시 서로 다르다. 충은 마땅히 쇠라고 해야 한다. 음은 초의반이다. 한편으로는 차(差)라고도 한다. 음은 차(嗟)이다. 귀하고 천한 녹이나 세금을 다룬다.
〔衷等也 貴賤之等不同 廩祿之數亦異也◯衷當作衰 楚宜反 一作差音嗟◯以御貴賤廩稅也〕

〔1-4〕 소광(少廣)
넓이, 부피와 제곱은 지금 창고 안에 쌀을 쌓을 때 겉면은 모두 닫혀있고 그 면들이 정사각형 또는 원이면 창고의 모양을 보고 쌀의 많고 적음을 안다. 직사각형에서 길이를 길게 자를수록 너비는 더욱 짧아진다.[11] 넓이, 부피, 제곱, 정사각형, 원을 다룬다.
〔積冪如今倉然積米 其中外面遮蔽了方圓 以其器而知多少也◯截縱之多益廣之少也◯以御積冪方圓也〕

〔1-5〕 상공(商功)

지만 양자와 함께 조선조의 관영 수학교재로 채택되었을 정도로 우리 나라의 산학 활동에 미친 영향은 큰 것으로 볼 수 있다.(김용운 외(1996), 중국수학사. 민음사)

9) 홍무 계축년은 서기 1373년 명 태조 홍무 6년을 말한다.

10) 일한 댓가, 즉 봉급을 뜻한다.

11) 넓이가 같은 직사각형에서 길이와 너비가 반비례 관계임을 나타내며, 소광(少廣)이라는 제목이 이에 연유함을 알 수 있다.

상은 양을 재는 것이다. 토목 공사의 공정을 헤아린다는 것은 흙을 부수어 땅을 헤아릴 때 한 땅의 흙을 부수는 돈의 경비에 맞추어 몇 사람의 일꾼이 필요한지 알아내는 일이다. 즉 제방과 담장을 쌓고 도랑을 내는 방법이다. 옛날에 흙을 파서 구덩이를 만드는 것을 방이라 하고, 지금의 공사의 공정 비용을 계산하는 것을 방계라 한다. 토목공사의 공정과 부피를 다룬다.

〔商計量也 商其功程如打土 論方子打算一方土便會計得合用幾多人功 卽修築堤墻開溝渠之法也◯古謂掘土作阬曰方 今作土功算程課者猶以方計◯以御功程積實也〕

〔1-6〕 균수(均輸)

균은 고른 것이다. 수는 보내는 것이다. 멀리 또는 가까이 수송하는 노동력과 비용을 고르게 한다. 로(勞)는 일하는 힘이요, 비(費)는 벌거벗은 발, 이른바 일삯이다. 원근 수송의 비용을 다룬다.〕

〔均平也 輸送也 以均遠近輸送之勞與費也 勞是力 費是裸足 所謂脚價◯以御遠近勞費也〕

〔1-7〕 영비(盈朒)

영은 많다는 것이다. 비는 줄어든다는 것이다. 수가 나타난 것은 볼 수 있으나 숨어있는 것은 볼 수 없다. 나타난 것으로부터 숨어있는 것을 미루어 짐작하는 것이다. 가령 남는 것과 부족한 것을 알아내는 법이 있다면 이것을 써서 감추어진 것과 보이지 않는 것이 뒤섞인 수를 구한다. 영비는 한편 영부족이라고도 한다. 영은 남음이 있다는 것이다. 비는 한편 뉵이라고도 한다. 감추어진 것과 보이는 것이 서로 뒤섞인 것을 다룬다.

〔盈多也 朒縮也 數之顯者可見 隱者不可見 由顯以推其隱也 假設有餘不足之法 以求隱互難見之數◯盈朒一作贏不足 贏有餘也 朒一作朒◯以御隱雜互見也〕

〔1-8〕 방정(方程)

방은 행렬을 네모로 바르게 한 것을 말한다. 정은 볏단의 수이다. 수가 복잡하게 서로 엉켜 있어 셈하기 어려운 것은 행렬을 만들어서 구한다.

지금 천문 역학자는 이 방법을 사용한다. 돈을 셈할 때와 같이 돈 쓴 일을 차례로 따져서 빼어 나가면 돈이 적어진 것을 알 수 있고, 이익금으로 손해난 것을 보충하고 나면 명확히 정리된다. 어지럽게 뒤섞여 있는 양수와 음수를 다룬다. 부[12]는 한편 원(員)이라고도 한다.
〔方所致行列方正也 程禾數也 數之雜糅難算者 立行列以求之 今作曆者用此法 如算錢逐件除下零細的絶長補短湊得齊整也◯以御錯糅正負也 負一作員〕

〔1-9〕 구고(句股)

구(句)의 음은 구(鉤)이다. 가로로 누워있는 것은 구라 하고 서 있는 것은 고라 하고 비스듬한 것은 현이라고 한다. 이 셋은 서로서로 구할 수 있다. 구에서 내접하는 정사각형이나 직사각형의 넓이를 구하면 산의 높이, 우물의 깊이, 성이나 마을의 폭, 도로나 마을의 멀리 있는 거리 등을 재어서 알 수 있으므로 이 구고술은 신기한 방법의 극치이다. 목수의 곡자의 머리 부분은 구가 되고 긴 가지 부분은 고가 되고 머리 부분의 끝과 긴 가지 부분의 끝을 서로 이은 것은 현이 된다. 산을 재고 물을 재고 토규[13]로 해의 그림자를 재는 것 등을 한다. 구고는 역시 방요라고도 한다. 구고는 평면에서 재는 것이고, 방요는 입체에서 재는 것이다. 이 두 가지는 평면과 입체를 다룬다는 점에서 서로 다르나 구고법이라는 점에서는 동일하다. 높이, 깊이, 폭, 먼 거리 등을 다룬다.
〔句音鉤 橫曰句直曰股斜曰弦 三者互相求也 以句中所容方直之積求之 則山之高井之深城邑之廣道里之遠可以測知 此妙術之極致也 如木匠曲尺 頭爲句尺梢爲股 尺頭與尺梢以之盡處相去爲弦也 量山量水 以土圭測日影之類◯句股亦曰旁要也 句股平面之測也 旁要立面之測也 二者平立異而其爲句股則同◯以禦高深廣遠也〕

12) 음수를 말한다.
13) 해의 그림자 또는 토지를 재는 데 사용하는 옥(玉)을 말한다.

[2] 포산결(布算訣)

〔〈산학계몽〉 참고〕〔啓蒙〕14)

일은 세로로 십은 가로로, 백은 서고 천은 넘어져 있네.
천과 십은 서로 같은 모양이고 만과 백은 서로 바라본다.
6이 넘는 수는 모두 5를 나타내는 산대가 위에 있네.
6은 같은 산대가 쌓인 것이 아니고 5는 산대 하나가 아니네.15)
십이 되면 저절로 자리가 나아가고 십이 안 되면 제자리에 나타낸다.
다만 이 비결을 정확히 이해하면 〈구장산술〉을 배울 만하네.
〔한 말을 나타낼 때도 산대 하나를 세로로 나타낸다. 나머지 예도 이와 같다.〕

一縱十橫 百立千僵
千十相當 萬百相望
滿六以上 五居上方
六不積聚 五不單張
言十自過 不滿自當
茍明此訣 可習九章 〔一斗亦依一縱 例餘倣此〕

〔2-1〕 행산위(行算位)

영의 자리16)는 세우고 십의 자리는 누이네.
백은 서고 천은 눕고 만 역시 세우네.
억조에서 회까지 차례로 나아가고
각 자리마다 5의 산대는 위에 놓네.
零爲之立十當橫 百立千橫萬亦竪
億兆至會次次推 各當其上置五數

---

14) <산학입문>과 <산학본원>은 여러 중국 산서로부터 산학 내용 및 문제들을 발췌하여 편집한 책인데, 각각을 인용한 책 이름을 이와 같이 밝히고 있다.

15) 6은 5를 나타내는 산대 하나와 1을 나타내는 산대 하나로 이루어지므로 산대를 6개 놓는 것이 아니고, 한편 5는 산대 5개를 늘어놓아 표시하므로, 6 이상을 나타내는 산대 표현에서 하나의 산대가 5를 의미하는 것과 다르다는 것을 설명한 것이다.

16) 일의 자리를 말한다.

이것은 십이 열이면 백이 되고, 백이 열이면 천이 되고, 천이 열이면 만이 되고, 만이 열이면 억이 되고, 억이 열이면 조가 되고, 조가 열이면 회가 되고, 회가 열이면 산이 되고, 산이 열이면 찰이 되는 것을 말한다.17) [이 법은 산서와 비교하면 회는 마땅히 경이라 하고 산은 마땅히 해라 하고 찰은 마땅히 자라고 하여야 한다. 대체로 이 방법은 우리 나라 민간에서 사용되고 있으나 옛날 방법은 아니다.]

右十十爲百 十百爲千 十千爲萬 十萬爲億 十億爲兆 十兆爲會 十會爲刪 十刪爲刹 〔此法較算書 會當云京 刪當云垓 刹當云秭 大抵此法我國俗間所用而非古也〕

〔2-2〕

리는 누이고 푼은 세우고 작은 누이네.
홉은 세우고 되는 누이고 말 역시 세우네.
열 말은 누이고 한 섬은 세우네.
백, 천, 만 섬은 이와 같이 갈라져간다.
釐橫分立卽勺橫 合立升橫斗亦立
十斗橫邊一石竪 百千萬石此能析

이것은 10리가 푼이 되고 10푼이 작이 되고 10작이 홉이 되고 10홉이 되가 되고 10되가 말이 되고 15말18)이 섬이 되는 것을 말한다.

右十釐爲分 十分爲勺 十勺爲合 十合爲升 十升爲斗 十五斗爲石

17) 오늘날과 달리 당시 큰 수를 나타내기 위해 상·중·하의 세 가지 등급이 있었는데, 그 중 하등에 의한 체계이다. 즉 10만이 억, 10억이 조, 10조가 경이 된다. ([3-2]의 대수 부분을 참고.)

18) 십진 구조를 말해야 할 부분으로 보인다. [4-1-1]에서 10말을 곡 또는 섬이라 한 것과도 일치하지 않는다. 그러나 [4-6-1]에서 우리나라 풍속에 따르면 1섬을 15말 또는 20말로 설명하고 있다.

3 소수 대수 명목(小數大數名目)

수가 큰 것은 하늘도 덮을 수 없고 땅도 실을 수 없도록 끝이 없다. 따라서 대수라고 한다. 수가 작은 것은 보아도 나타나지 않고 잡아도 모양이 없도록 다함이 없다. 따라서 소수라고 한다. 소수에서 정부터 탄지까지, 대수에서 항하사부터 무량수까지는 모두 불교 서적에서 나온 것이다. 그 이하는 〈산학계몽〉 및 여러 학자들이 다룬다.〕

〔數之大者 天莫能蓋 地莫能載 其數不能極 故曰大數 數之小者視之無形 取之無象 其數不能盡 故曰小數◯小數自淨至彈指 大數自恒河沙至無量數 皆佛書所出也◯以下出啓蒙及諸家〕

〔3-1〕 소수(小數)

일정, 십정, 백정, 천정, 만정, 십만정, 백만정, 천만정, 억정은 청이라고 한다. 억청은 공이라고 한다. 억공은 허라고 한다. 억허는 육덕이라고 한다. 억육덕은 찰나라고 한다. 〔〈운부군옥〉에서 일찰나는 경각과 같다고 하였다.〕 억찰나는 탄지라고 한다. 억탄지는 순식이라고 한다. 억순식은 수유라고 한다. 억수유는 준순이라고 한다. 〔〈원진건창궁사〉의 주에서 준순은 수유라고 하였다.〕 억준순은 모호라고 한다. 억모호는 막이라고 한다. 억막은 묘라고 한다. 억묘를 애라고 한다. 억애를 진이라 한다. 억진을 사라고 한다. 십사는 섬이라 한다. 〔〈강희자전〉에 의하면 〈사찰미산경〉에 십진은 사이고 십사는 섬이라고 나와있다고 한다.〕 십섬은 미라고 한다. 십미는 홀이라고 한다. 십홀은 사라고 한다. 십사는 호(毫)라고 한다. 〔역시 호(豪)라고 한다. 토끼의 잔털이다. 긴 털이다.〕 십호는 리라고 한다. 〔바르게 쓰면 리(氂)로 쓴다. 간단히 쓰면 리(厘)로 한다.〕 십리는 푼이라고 한다. 십푼은 일이라고 한다.

一淨 十淨 百淨 千淨 萬淨 十萬淨 百萬淨 千萬淨 億淨曰淸 億淸曰空 億空曰虛 億虛曰六德 億六德曰刹那〔韻府群玉曰 一刹那猶頃刻也〕 億刹那曰彈指 億彈指爲瞬息 億瞬息爲須臾 億須臾曰逡巡〔元稹建昌宮辭注逡巡須臾也〕 億逡巡曰模糊 億模糊曰漠 億漠曰渺 億渺曰埃 億埃曰塵 億塵曰沙 十沙曰纖 〔字典曰 謝察微算經十塵爲沙 十沙爲纖〕 十纖曰微 十微曰忽 十忽曰絲 十絲曰毫〔亦作豪 兎豪也 長毛也〕 十毫曰氂〔正作氂 從省作厘〕 十氂曰分 十分曰一

3 소수 대수 명목

☞ 역자 주: 소수의 단위를 정리해보면 표 1과 같다.

10^{-1}	푼
10^{-2}	리
10^{-3}	호
10^{-4}	사
10^{-5}	홀
10^{-6}	미
10^{-7}	섬
10^{-8}	사
10^{-16}	진
10^{-24}	애
10^{-32}	묘
10^{-40}	막
10^{-48}	모호
10^{-56}	준순
10^{-64}	수유
10^{-72}	순식
10^{-80}	탄지
10^{-88}	찰나
10^{-96}	육덕
10^{-104}	허
10^{-112}	공
10^{-120}	청
10^{-128}	정

표 1. 소수 체계

여기서 탄지부터 정까지가 불교 용어이다. 크기로는 푼부터 사까지의 관계는 10배의 관계이고 사부터 정까지는 10^8, 즉 억배의 관계이다.

〔3-1-1〕

산법을 보면 소수에 대하여 여러 학자들의 순서 매김이 서로 다르다. 지금 이것을 여기에 모아 기록하여 다음과 같이 참고하고자 한다.

按算法小數諸家序次各異 今集錄于此以備參考如左

〈역위통괘험〉 1푼 〔십마미이다.〕
〈설원〉 1푼 〔1속이다.〕
〈운서〉 1푼 〔1정을 10개 쌓은 것이다.〕 1정 〔1발을 10개 쌓은 것이다.〕
〈손자산술〉 푼, 리, 호, 사, 홀 〔누에가 토해내는 실이다.〕
조충지 밀률 푼, 리, 호, 묘, 홀 〔이상 네 수학자의 학설은 〈율려신서〉에 있다.〕
〈율려신서〉〔서산채씨설〕 푼, 리, 호, 사, 홀, 초, 묘
〈역학계몽〉〔호씨설〕 푼, 리, 호, 홀 , 사, 묘
〈황극경세서〉〔서산채씨설〕 푼, 리, 호, 사 〔그 위의 문장에 있는 호사가 사호로 된 것은 틀린 것 같다.〕
〈황극경세서〉〔소백온설〕 푼, 호, 리, 사, 홀, 묘, 몰
〈시전〉〔안성유씨설〕 푼, 리, 호, 사, 홀, 미, 진
〈산학계몽〉〔주씨괄예〕 푼, 리, 호, 사, 홀, 미, 섬, 사, 진, 애, 묘, 막 〔이 방법은 이미 이 책에서 본 바와 같이 막 이하는 이 책과 같다.〕
〈수리정온〉 푼, 리, 호, 사, 홀, 미
〈수시력〉19) 분, 초, 미 〔무릇 역서에서는 분 아래 남는 수를 초로 말한다. 이것은 수를 셀 때도 마찬가지로 백미를 초로, 백초를 분이라 한다.〕
〈대통력〉 분, 초, 미, 섬 〔백으로 가른다.〕
〈시헌력〉〔역상고성〕 분, 초, 미, 섬, 홀, 망, 진
〈회회력〉 분, 초, 미, 섬 〔60으로 가른다.〕
〈대서양력〉 분, 초, 미, 섬, 망, 말, 진, 홀, 허 〔무릇 9등급이다. 분의 위는 도이다. 도의 위는 궁이다. 9등급은 역시 60으로 가른다.〕
易緯通卦驗 一分〔十馬尾也〕
說苑 一分〔一粟也〕
韻書 一分〔積十程〕 一程〔積十髮〕
孫子算術 分 厘 毫 絲 忽〔蠶所吐絲〕

19) 중국 원대(1281)에 곽수경 등에 의해 편찬된 역법이다. 한편 대통력은 명대, 시헌력은 조선시대 1653년(효종 4) 이후 1910년까지 한국에서 쓰인 역법, 회회력은 원·명 시대에 중국에 전래된 아라비아의 천문서로서 <명사(明史)>에 실려 있다.

祖沖之密率　分 厘 毫 秒 忽〔已上四家見律呂新書〕
律呂新書〔西山蔡氏說〕 分 厘 毫 絲 忽 初 秒
易學啓蒙〔至齋胡氏說〕 分 厘 毫 忽 絲 秒
皇極經世書〔西山蔡氏說〕 分 厘 毫 絲 〔其上文毫絲作絲毫者疑誤〕
皇極經世書〔邵伯溫說〕 分 毫 厘 絲 忽 眇 沒
詩傳〔安成劉氏說〕 分 厘 毫 絲 忽 微 塵
算學啓蒙 〔朱氏括例〕 分 厘 毫 絲 忽 微 纖 沙 塵 埃 渺 漠 〔此法已見本錄 漠已下亦見本錄〕
數理精蘊　分 厘 毫 絲 忽 微
授時曆 分 秒 微〔凡曆書分下零數通謂之秒 此曆亦然而 百微爲秒 百秒爲分〕
大統曆 分 秒 微 纖〔以百析之〕
時憲曆〔曆象考成〕 分 秒 微 纖 忽 芒 塵
回回曆 分 秒 微 纖 〔以六十析之〕
大西洋曆 分 秒 微 纖 芒 末 塵 忽 虛〔凡九等 分上度 度上宮也○九等亦以六十析之〕

〔3-1-2〕
소수의 차례를 보면 비록 각각 같지 않으나 세어 나가는 수들이 1, 2, 3, 4, 5, 6, 7, 8, 9, 10인 것은 확실하고 변함없다.[20] 그 이름이 같고 같지 않은 것은 말할 필요가 없다. 지금 위에서 말한 것들은 잠시 옛사람들의 방법을 보고자 한 것뿐이다. 또 소수의 차례를 보면 각각 같지 않으나 그들이 십을 기준으로 하고 있다는 것은 이것이 고금의 통례이다. 다만 수시력은 백을 기준으로 하므로 1분은 100초가 쌓인 것이요, 1초는 100미가 쌓인 것이다. 그 밖의 역법에서도 모두 분 아래의 남는 수들은 보통 초라 하고 십 또는 백에 관계없이 그 분모의 크고 작음에 따라 스스로 분모와 분자가 된다. 시헌력의 분·초법은 회회법이란 것을 쓰고 있다. 〔〈사기〉에서 태사공 자서에 율과 역은 서로 밀접한 관계가 있어 그 사이에는 극히 작은 틈새도 용납되지 않는다. 표의 바른 뜻은 묘이다. 묘는 벼의 결의 수염이다. 홀은 한 누에의 입에서 나오는

20) 학자마다 사용하는 이름에는 차이가 있으나 십진 위치적 기수법의 원리는 동일함을 말한다.

실이다. 〈한서〉의 주에 유덕이 말하기를 묘는 벼를 따라서 나왔고 소리는 묘이고 벼의 가시 같은 수염이다. 혹은 거미집의 가는 실이라고 하였다. 묘는 혹은 묘(眇)라고도 한다. 〈황극경세서〉에서 소백온이 말하였다. 또 초를 실의 두 올이라고도 한다. 초(抄)라고 한 것은 묘(秒)의 잘못이다. 80올은 1되이고 40묘이다.]

按小數序次雖各不同而 至其算數之一二三四五六七八九十則固自如也 其名之同不同不必論也 今引之如右者姑以古人之立法耳◯又按小數序次雖各不同而其以十爲母則固是古今通例也 惟授時以百爲母 故一分積百秒 一秒積百微 若其他曆法皆以分下奇零通謂之秒 此不拘於十與百而 隨其分母多少自爲母子也 今時憲分秒法乃用回回法者也〔史記太史公自序 律曆更相治間不容 翲忽正義 翲當作秒 秒禾芒表也 忽一蠶口出絲也◯漢書注劉德曰 秒從禾音 眇禾芒也 忽蜘網細者也◯秒或作眇 見皇極經世邵伯溫系述 或作秒絲二縷也 作抄者卽秒之誤 八十縷爲一升 卽四十秒也〕

〔3-2〕 대수(大數)

일, 이, 삼, 사, 오, 육, 칠, 팔, 구, 십〔열이 하나 있다.〕, 백〔열이 열 있다.〕, 천〔백이 열 있다. 범어로 소천이다.〕, 만〔천이 열 있다.〕, 십만, 백만〔범어로 중천이다.〕, 천만, 만만은 억이다, 십억〔범어로 대천이다.〕, 백억, 천억, 만억, 십만억, 백만억, 천만억, 만만억은 조이다, 억조는 경이다〔경(經)이라고도 한다. 즉 만만조이다.〕, 억경은 해이다〔역시 해(㤥)이다. 음은 해(該)이다.〕, 억해는 자이다〔역시 보라고도 한다.〕, 억자는 양이다, 억양은 구이다〔역시 구(冓)라고도 한다.〕, 억구는 간이다, 억간은 정이다, 억정은 재다, 억재는 극이다, 억극은 항하사이다, 억항하사는 아승기이다, 억아승기는 나유타이다, 억나유타는 불가사의이다, 억불가사의는 무량수이다.

一 二 三 四 五 六 七 八 九 十〔一十〕 百〔十十〕 千〔十百 梵語小千〕 萬〔十千〕 十萬 百萬〔梵語中千〕 千萬 萬萬曰億 十億〔梵語大千〕 百億 千億 萬億 十萬億 百萬億 千萬億 萬萬億曰兆 億兆曰京〔一作經 卽萬萬兆〕 億京曰垓〔亦作㤥音該〕 億垓曰秭〔亦曰補〕 億秭曰壤 億壤曰溝〔亦作冓〕 億溝曰澗 億澗曰正 億正曰載 億載曰極 億極曰恒河沙 億恒河沙曰阿僧祇 億阿僧祇曰那有他 億那有他曰不可思議 億不可思議曰無量數

③ 소수 대수 명목

☞ 역자 주: 이상의 대수의 체계는 표 2와 같이 정리할 수 있다.

1	일
10	십
10^{2}	백
10^{3}	천
10^{4}	만
10^{5}	십만
10^{6}	백만
10^{7}	천만
10^{8}	억(만만)
10^{9}	십억
10^{10}	백억
10^{11}	천억
10^{12}	만억
10^{13}	십만억
10^{14}	백만억
10^{15}	천만억
10^{16}	조(만만억)
10^{24}	경(억조, 만만조)
10^{32}	해(억경)
10^{40}	자(보, 억해)
10^{48}	양(억자)
10^{56}	구(억양)
10^{64}	간(억구)
10^{72}	정(억간)
10^{80}	재(억정)
10^{88}	극(억재)
10^{96}	항하사(억극)
10^{104}	아승기(억항하사)
10^{112}	나유타(억아승기)
10^{120}	불가사의(억나유타)
10^{128}	무량수(억불가사의)

표 2. 대수 체계

〔3-2-1〕

〔〈주자〉의 의례경전통해종률편을 보면 모두 일정한 방식을 따라서 대자를 빌려서 썼다. 一은 壹로, 二는 貳로, 三은 參으로, 四는 肆로, 五는 伍로, 六은 陸으로, 七은 柒로, 八은 捌로, 九는 玖로, 十은 拾으로, 百은 佰으로, 千은 仟으로, 만과 억은 모두 본자로 썼다. 〈서전〉의 주에서 신안진씨가 말하기를 〈낙고〉에는 십만을 억이라 하였고 〈태서〉에는 또 백만을 억이라 하였는데 같지 않은 것은 무엇 때문인가? 〈시화〉는 백만을 억이라고 하였다. 〈정주〉는 십만을 억이라 하였고 〈모공〉은 만만을 억이라 하였다. 〈공소〉와 지금 〈구장산술〉에서는 모두 만만을 억으로 하고 있다. 정은 고수[21]로 말하고 있다. 〈위소〉의 주에 〈초어〉에서는 십만을 억으로 말한다. 이것은 고수이다. 진나라 때는 처음으로 만만으로 억이라 하였다. 백만이 억이라는 근거는 보지 못하였다. 지금 〈해상서합〉은 십만이 억이라고 주장한다. 〈운부군옥〉에 황제가 수를 억에서 재까지 10등급으로 하고 그 사용하는 것도 세 가지가 있는데 상·중·하라고 말한다. 만부터는 만으로 오르고 억부터는 억으로 새로운 수의 단위로 오르는 것은 역시 〈황극경세서〉에서도 보인다. 〈화엄경〉에는 더 큰 수가 있고 극히 광대하다고 하였다. 대수는 일만 이상에서 고법인 십으로 오르는 것을 하등, 진나라와 한나라 이후 만으로 오르는 것을 중등, 일억 이상에서 억으로 오르는 것을 상등이라고 한다.

〔按朱子儀禮經傳通解鍾律篇皆準令式借用大字 一壹 二貳 三參 四肆 五伍 六陸 七柒 八捌 九玖 十拾 百佰 千仟 萬億用本字◯書傳注新安陳氏曰 洛誥云 十萬曰億 泰誓又云百萬曰億 不同何也 詩禾三百[22]億 鄭註十萬曰億 毛公萬萬曰億 孔疏今九章算術皆以萬萬爲億 鄭以古數言之 韋昭註楚語曰十萬曰億 古數也 秦始以萬萬爲億 百萬爲億未見所本 今解尚書合主十萬爲億之說◯韻府群玉黃帝爲數有十等自億至載 及其用也乃有三等 謂上中下也 自萬以上 以萬登之 自億以上以億登之 亦見皇極經世書◯華嚴經又有大數宏闊極矣◯大數一萬以上古法以十登之下等 秦漢以下以萬登之中等 一億以上以億登之上等〕

☞ 역자 주: 최석정의 <구수략>에서도 이에 대한 내용을 발견할 수 있다.

---

21) 옛날의 수를 말한다.
22) 三百은 云百萬의 오류인 것으로 짐작된다.

대수는 삼등급이 있는데, 10만을 억, 10억을 조, 10조를 경이라 하면 하수이고, 만만을 억, 만만억을 조, 만만조를 경이라 하면 중수이고, 만만을 억, 억억을 조, 조조를 경이라 하면 상수이다. 하수는 얕고 짧아 헤아리는데 끝이 있고, 주나라의 상수는 넓고 커서 사용에 적당하지 않아 오늘날 중수로 자리를 정한다.

여기서 알 수 있듯이 본문의 자릿값도 중수를 따른 것이고, 한편 [2-1] 행산위에서의 자릿값은 하수에 해당한다.

4 도량형

〔4-1〕 양률(量率)

장창이란 사람이 장정(章程)을 정하였다. 장(章)은 역법의 수를 다루는 법이고 정(程)은 무게, 부피, 길이를 다루는 법이다. 순자가 말하기를 정이란 모든 물건이 갖추어야 할 법이라고 하였다. 부피의 양을 나타내는 일(溢)과 무게를 나타내는 일(鎰)은 이름은 달라도 실제에 있어서는 같다. 부피를 나타내는 일은 곡(斛)의 $\frac{25}{2400}$이고 무게를 나타내는 일은 섬(石)의 $\frac{25}{2400}$이고 곡과 섬은 서로 바꾸어 일컫는다고 〈의례〉의 주에 있다.

〔張蒼定章程 章歷數之章術 程權衡斗斛丈尺之程 荀子曰程者物之準也◯量之溢衡之鎰名異而實同 溢卽二千四百分斛之二十五 鎰卽二千四百分石之二十五 斛石互稱也 據儀禮注〕

〔4-1-1〕

6립은 규라고 한다. 〔벼 한 알이 립이다. 한 변이 1치인 정사각형 수저의 $\frac{1}{7}$이 규이다.〕 10규를 촬이라고 한다. 〔손가락 셋으로 움켜쥘 수 있다. 4도규[23]를 촬이라고 한다.〕 10촬은 초라고 한다. 〔발음은 초교절이다. 취한다는 것이다. 뺏는다는 것이다. 본래 초(鈔)이다.〕 10초는 작이라고 한다. 〔발음은 상락절이다. 또 음은 작(酌)이다.〕 10작은 홉이라 한다. 〔두 약이다. 즉 합약이다. 두 약을 합하여 1홉이 된다. 간혹 10약이 홉이라고도 하는데 그것은 잘못된 것이다. 일설에 의하면, 64서를 규라 하고 4규를 촬이라 하고 10규를 홉이라 한다. 이것은 〈한서〉의 주에 나와 있다.〕 10홉을 되라 한다. 〔역시 승(勝)이라고도 한다. 두 국이다. 국은 양손으로 움켜쥐는 것이다.〕 10되를 말이라고 한다. 〔역시 두(㪷)라고도 한다.〕 10말을 곡이라 한다. 〔또한 용(甬), 용(桶)이라고도 한다. 곡은 즉 섬이다. 섬은 혹 어느 때는 석(碩)이라고도 한다. 옛날에는 섬을 재는 저울이 없었다. 따라서 전국 시대 이후에는 곡

---

23) 도규란 약을 뜨는 숟가락을 말한다.

을 섬이라 하였다. 송나라 법에 10말을 족이라 하고 곡은 곧 8말 3되이고 생곡(省斛)이라 하였다. 8이란 10말을 내는 사람이 8말 3되로 간추리는 것과 같다.〕

작〔1되〕, 일〔$1\frac{1}{24}$되〕, 고〔2되〕, 치〔3되, 바르게 말하여 치라 하고 헛되게 말하여 상이라고 한다. 그 들이는 같다.〕, 각〔4되, 역시 치라고 한다. 역시 두라고 한다. 2국.〕, 산〔5되〕, 우〔1말 6되, 4두(豆)〕, 무〔5말〕, 부〔6말 4되, 4우, 정식으로는 부(鬴)이다.〕, 호〔10말 1섬, 잔가작이라고 부르기도 한다.〕, 유〔16말, 10우, 수라 부르기도 한다. 2부 반이다. 수의 발음은 소구반, 색루반이다.〕, 부〔4섬, 40말〕, 종〔6곡 4말〕, 병〔16곡, 10수〕

거〔4병〕, 종〔10거〕, 타〔10종, 여기에서는 볏단의 수이다. 타의 발음은 정고반, 장가반이다. 종은 본래 총(總)이라 한다. 발음은 자공반이다. 또는 음은 총(揔)이다. 다발과 같다. 병은 손으로 잡는 것이다. 거는 1제이다. 이 벼의 병과 거는 글자는 같으나 수는 다르다. 〈주례〉 정씨의 주에 나와 있다.〕

六粒曰圭〔一粟曰粒○十分方寸七之一〕 十圭曰撮〔三指撮之也○四刀圭曰撮〕 十撮曰抄〔楚交切 取也 略也 本鈔〕 十抄曰勺〔裳略切 又音酌〕 十勺曰合〔兩龠也 卽合龠也 合兩龠而爲一合也 或曰十龠爲合者誤○一說六十四黍曰圭 四圭曰撮 十撮曰合 出漢書註〕 十合曰升〔亦作勝 兩掬 掬兩手也〕 十升曰斗〔亦作㪷 十斗曰斛〔亦甬桶 斛卽石也 石或作碩 古無稱石者 而戰國以下以斛稱石○宋法十斗爲足 斛則八斗三升爲省斛 蓋令八者 以十斗出者以八斗三升如省陌耳〕

爵〔一升〕 溢〔一升二十四分升之一〕 觚〔二升〕 觶〔三升 實曰觶虛曰觴 其容一也〕 角〔四升○亦曰卮 亦曰豆 二匊也〕 散〔五升〕 區〔一斗六升 四豆也〕 甒〔五斗〕 釜〔六斗四升 四區也 正作鬴〕 壺〔十斗一石也○亦名淺斝爵〕 庾〔十六斗 十區也○亦名藪 二釜半○藪素口色縷二反〕 缶〔四石 四十斗〕 鍾〔六斛四斗〕 秉〔十六斛 十藪〕

筥〔四秉〕 稯〔十筥〕 秅〔十稯 此一修禾數也○秅丁故丈加二反○稯本又作總子工反 又音揔 猶束也 秉手把也 筥一穧也 此米禾之秉筥字同數異也 出周禮鄭氏註

〔4-1-2〕

〔〈예기〉에 쌀을 바치는 사람이 양의 수를 다루는 주에 다음과 같이 써 있다. 낙양 사람들이 12섬이라 부르는 것은 고이다. 맹강이 말하기를, 반5되는 그릇의 이름이다. 주자가 말하기를, 〈구장산술〉의 속미법에서 여미 10, 패미, 9, 착미, 8, 시어미 7의 비율이고, 여미 1곡을 견주어 비교하면 패미 9말이다. 무릇 낟 곡의 알이 껍질이 있으면 속이라 한다. 속 1말에서 6되를 얻으면 여미라 하고 4되 8홉을 얻으면 정미(즉 착미)라 하고 4되 2홉을 얻으면 시어미라 하고 1되 4홉〔고쳐서 당연히 5되 4홉이라고 말하여야 한다.〕을 얻으면 패미라고 한다. 일반적으로 속 50에 착 24라는 말은 속 5말을 찧어서 착미 24되가 된다는 것을 의미한다. 여미 1말은 미[24] 8되이다. (〈자휘설이〉에 있다.) 속미법으로 생각하면 속 50, 여 30, 패 27, 착 24, 시어 21의 비율은 5로 나누었을 때 속 1말에 여미 6되, 패미 5되 4홉, 착미 4되 8홉, 시어미 4되 2홉의 비율이다. 〈자휘〉에서는 낟 곡의 알을 쌀(米)이라 하고 쌀 1곡을 찧어서 8말이 되면 훼라고 하였다. 마땅히 낟 곡의 알을 속이라고 한다면, 속 1곡을 찧어서 쌀 5말을 얻으면 훼라 하고 즉 훼(糳)이다. 이것은 〈설문〉에 의한 것이다. 또 속 3말을 찧어서 쌀 1말을 얻으면 찬이라고 한다. 이것도 역시 〈설문〉에 의한 것이다. 옛날부터 껍질이 있는 것을 속이라고 하였으나 지금은 곡식의 가장 작고 둥근 것을 속이라고 한다. 장안은 속 1곡을 찧어서 7말의 쌀이 되면 여미라 하고 여미 1곡을 찧어서 9말이 되면 착미(즉 착(鑿)으로 소리난다. 〈설문〉에 있다.)라고 하였다. 그러나 여기 〈구장산술〉의 법칙으로 보면 7말은 6말이 옳다. 미곡이 서로 섞인 것을 조미[25]라고 한다.

〔按禮記獻米者操量數註　樂陽人呼容十二石者爲鼓○孟康曰半五升器名也○朱子曰九章粟米之法　糲十粺九鑿八侍御七　糲米一斛治而成粺則九斗矣○凡穀實帶殼曰粟　一斗得六升曰糲米　得四升八合精米(卽鑿)　得四升二合曰侍御得一升四合(當云五升四合曰粺米　蓋粟五十鑿二十四言　粟五斗爲二十四升米也　糲一斗爲八升米也（與字彙說異）以粟米法考之　粟五十　糲三十　粺二十七　鑿二十四　侍御二十一　各五而一　則粟一斗糲六升　粺五升四合　鑿四升八合　侍御四升二合○字彙云穀實曰米　米一斛舂爲八斗曰糳　當云穀實曰粟　粟

24) 착미를 말한다.

25) 조미는 곡식과 쌀의 중간인 현미를 말한다.

一斛舂米五斗曰毇卽糳　此据說文　又粟三斗舂米一斗曰粲　亦据說文○古以米之有孚殼者稱粟　今以穀之最小而圓者稱粟　張晏曰　粟一斛舂七斗米爲糲糲米一斛舂爲九斗曰鑿(卽鑿音作出說文)　按本法則七斗當作六斗爲正○米穀雜曰糙

〔4-2〕 형률(衡率)[26]

10서는 루이다. 〔음은 루(累)이다. 1서의 너비는 1푼이다.〕 10루는 수이다. 6수는 치이다. 〔달리 8냥이라 하기도 하고 역시 푼이라고도 한다.[27]〕 8수는 추이다. 〔혹은 치라고도 한다.〕 $11\frac{13}{25}$수를 열이라 한다. 〔이것은 〈산학계몽〉에 의거한 것이다. 〈주례〉의 주에서 열의 음은 열(劣)이고 양의 이름이라고 하였다. 〈설문〉에는 열은 환이다. 지금 동래에서 저울로 잴 때 혹은 $\frac{2}{3}$냥을 균이라 하고 10균을 환이라 하니 환의 무게는 $6\frac{2}{3}$냥이다. 환과 열은 같다. 3열은 1근 4냥이다. 열의 발음은 색열반이고 읽을 때는 쇌[28]이다. 혹 음이 환(環)은 환(鍰)이고 발음은 호관반 또는 우권반이다.〕 12수를 약이라고 한다. 〔5전이다. 16수를 균이라 한다. 〈주례〉의 주에 $\frac{2}{3}$냥이라 하였다.〕 두 약을 냥이라 한다. 〔4푼이다. 3추이다. 24수이다. 일설에 1냥은 10전이고 1전은 10푼이고 1푼은 10리이고 이하 앞을 참고하라. 이것이 지금의 법이다. 옛날에는 저울질할 때 오직 수와 냥만이 있고 푼이라는 이름은 없었다. 동전 1문 4자, 1자는 2푼 반이다.〕 36수는 첩이다. 〔1냥 5전이다.〕 3냥은 거이다. 〔2첩이다.〕 6냥은 환이다. 〔역시 열이라고도 한다. 160 수를 환이라 한다. 〈주례〉의 주에서 10균이라고 하였다. 대개 6냥하고 16수는 환이고 바로 환, 열이다.〕 16냥은 근이다. 〔역시 근(觔)이라고도 한다. 384수이다.〕 20냥은 일이다. 〔일(溢)과 같다. 즉 1근 4냥이다. 〈주례〉의 주에서 3열이라고 하였다. 일이 20냥이라는 이 법은 바로 〈의

26) 무게의 단위에 관한 것이다. 시대, 왕조, 지방, 학자에 따라서 정의가 각양각색이며 서로 다른 경우가 허다하다.

27) <강희자전>에 荀子富國篇註八兩曰錙라고 되어 있다.

28) 刷의 본음이다.

례〉의 주에서 나왔다고 생각된다. 주자는 〈맹자집〉의 주에서, 〈국어〉에서 24냥을 일이라 한다고 한 조기의 틀린 주를 바로 잡았다. 조기는 주자보다 먼저 〈맹자〉에 주를 달았다.〕 36냥은 리이다. 〔즉 2근 4냥이다. 혹은 1근 2냥을 1리라고도 한다.〕 50냥은 정이다. 〔역시 23냥이라고도 한다.〕 10근이 형이다. 15근이 칭이다. 〔칭(稱)과 같다. 5760수이다. 송나라 법에 10근을 족칭이라 하고 8근을 생칭이라 하였다. 8이란 10근을 낼 사람이 8근으로 감하는 것이다.〕 30근이 균이다. 〔2칭이다. 11520수이다.〕 4균이 섬이다. 〔역시 석(碩), 석(祏)으로도 쓴다. 46080수이다.〕 405근이 인이다. 〔혹은 400근이다.〕 480근이 고이다. 〔〈양휘산법〉에 동 1타(駝)는 무게가 23근 또는 48근이라고 하였는데 타(駝)는 타(馱)의 종류인지 의심스럽다.〕

十黍曰絫〔音累 一黍之廣爲一分〕 十累曰銖 六銖曰錙〔一曰八兩亦曰分〕 八銖曰錘〔或曰錙〕 十一銖二十五分銖之一十三曰鋝〔此據啓蒙◯周禮註鋝音劣量名也 說文鍰也 今東萊稱 或以太半兩爲鈞 十鈞爲鐶 鐶重六兩太半兩 鍰鋝似同矣 三鋝爲一斤四兩 鋝又色劣反讀爲刷 或音環 鍰胡關反 又于眷反〕 十二銖曰龠 〔五錢也◯十六銖曰鈞 周禮註太半兩也〕 兩龠曰兩〔四分三錘二十四銖◯一說一兩十錢 一錢十分 一分十厘 以下見上 此今法也 古秤惟有銖兩而無分名◯銅錢一文四字 一字二分半也〕 三十六銖曰捷〔一兩五錢〕 三兩曰擧〔二捷也〕 六兩曰鍰〔亦曰鋝◯一百六十銖曰鐶 周禮註 十鈞也 凡六兩零十六銖環則鍰鋝也〕 十六兩曰斤〔亦作觔 三百八十四銖〕 二十兩曰鎰〔同溢卽一斤四兩 周禮註三鋝也 按鎰二十兩此法出儀禮註 朱子於孟子集註因之趙氏曰 國語云二十四兩爲鎰 趙岐誤註集註正之 蓋趙岐舊註孟子〕 三十六兩曰裹〔卽二斤四兩 或云一斤二兩爲一裹〕 五十兩曰鋌〔亦曰二十三兩〕 十斤曰衡 十五斤曰秤 〔與稱同 五千七百六十銖◯宋法十斤爲足秤 則八斤爲省秤 蓋令八者以十斤出者以八斤如省陌省斛耳〕 三十斤曰鈞〔二秤 一萬一千五百二十銖〕 四鈞曰石〔亦作碩祏 四萬六千空八十銖〕 四百空五斤曰引〔或四百斤〕 四百八十斤曰鼓 〔楊輝算法銅一駝每駝重二十三斤亦重四十八斤 駝疑馱之類〕

〔4-2-1〕 근하유법(斤下留法)

근으로 나타낼 때 근이 못되는 냥의 수는 16으로 나누면 소수를 써서 근으로 나타낼 수 있다. 이것을 간단히 하는 것이 근하유법이다. 16냥으로 10푼을 나누면 6리 25이다. 따라서 1냥은 6리 25근이고, 2냥은 1푼 25근이다. 16냥은 이미 1근이므로 15냥까지 하면 그친다.

1퇴[29] 6 2 5 〔1냥은 6리 2호 5사이다.〕
2유 1 2 5 〔위와 같다.〕
3유 1 8 7 5
4유 2 5
5유 3 1 2 5
6유 3 7 5
7유 4 3 7 5
8유 간단히 5 〔8냥은 5푼에 해당하므로 반 근이다.〕
9유 5 6 2 5
10유 6 2 5 〔10냥은 6푼 2리 반이다.〕
11유 6 8 7 5
12유 7 5
13유 8 1 2 5
14유 8 7 5
15유 9 3 7 5

〔斤下帶兩者當以十六約之 今則就省以此代之也 以十六兩除十分得六厘二五 故一兩退六厘二五 二兩退一分二五 若十六兩則已成一斤 故止於十五也〕

一退六二五〔一兩則六厘二毫五絲〕 二留一二五〔倣上〕
三留一八七五 四留二五 五留三一二五 六留三七五
七留四三七五 八留單五〔卽八兩當五分乃半斤也〕
九留五六二五 十留六二五〔十兩則六分二厘半〕
十一留六八七五 十二留七五 十三留八一二五
十四留八七五 十五留九三七五

☞ 역자 주: 16냥보다 작은 1~15냥을 근으로 표현할 때 나타나는 소수 표현에 관한 것이다. 1근=16냥이므로 냥 수를 16으로 나누면 된다. 예를 들면 다음과 같다.

1냥=0.0625, 즉 6리 2호 5사
2냥=0.125, 즉 1푼 2리 5호

---

29) 한 자리 물러 0625임을 의미한다.

이하는 앞의 수에 0.0625씩 더하여 구할 수도 있다.

〔4-2-2〕 냥수작근송(兩數作斤頌)

가령 100냥이 몇 근인지 나타내려면 16으로 나누면 된다. 이때 6근하고 나머지가 4냥이다. 200냥은 바로 12근하고 8냥이다. 나머지도 이와 같다.

(1) 6 0 4 (2) 1 2 0 8
(3) 1 8 1 2 (4) 2 5 0 0
(5) 3 1 0 4 (6) 3 7 0 8
(7) 4 3 1 2 (8) 5 0 0 0
(9) 5 6 0 4 (10) 6 2 0 8

〔假如一百兩則以斤法一十六歸除得六斤零四兩 二百兩則得一十二斤八兩 餘倣此〕

(一) 六空四 (二) 一二空八 (三) 一八一二 (四) 二五空空
(五) 三一空四 (六) 三七空八 (七) 四三一二 (八) 五空空空
(九) 五六空四 (十) 六二空八

☞ 역자 주: 100~1000냥까지를 근으로 나타낸 것이다. 각각의 세 자리 또는 네 자리 수에서 뒤의 두 자리는 냥의 수, 앞의 하나 또는 두 자리는 근의 수를 나타내는 것이다. 예컨대 900냥은 56근 4냥이다. 이때 앞의 수에 604씩 더해가는데 1근은 16냥이므로, 16이 되면 근으로 받아올림하는 것으로 생각하면 된다.

〔4-2-3〕 구제율류(求諸率類)

〔〈산학계몽〉 참고〕〔啓蒙〕

냥을 수로 고치려면 24를 곱하고
수를 냥으로 고치려면 24로 나눈다.
근을 냥으로 고치려면 신외가6하고
냥을 근으로 고치려면 신외감6한다.
칭을 근으로 고치려면 신외가5하고
근을 칭으로 고치려면 신외감5한다.
물건을 팔아 돈을 받을 때는 곱셈을 이용하고

돈으로 물건을 살 때는 나눗셈을 이용한다.[30)]
兩求銖二十四乘 銖求兩二十四除
斤求兩身外加六 兩求斤身外減六
秤求斤身外加五 斤求秤身外減五
據物賣錢而用乘 據錢買物而用除

☞ 역자 주: 신외가법과 신외감법은 간편한 곱셈과 나눗셈 방법으로, 승수 또는 제수의 첫째 자리가 1일 때의 곱하고 나누는 계산법을 말한다. 예컨대 승수가 두 자리 수일 때 십의 자리가 1이면, 일의 자리 수를 곱한 것을 한 자리 내려 본신에 더하면 되기 때문에 특별한 경우로 다루는 것이다. 여기서 신외가6은 16을 곱하는 것이고 신외감6은 16으로 나누는 것을 말한다. 1근=16냥이기 때문에 신외가법과 신외감법을 이용하여 변환시킨다.

〔4-2-4〕 근칭(斤秤)
수를 근이나 냥으로 고치려면 서로 비율을 정한다.
2·4는 분명히 1냥을 말하고 있다. 〔2·4는 24수를 말한다.〕
3·8·4로 나누면 이것의 근이 보인다. 〔3·8·4는 384수를 말한다.〕
냥이나 근을 수로 고치려면 서로 곱한다.
근으로 냥을 구하려면 신외가6하고, 신외감6하면 냥에서 근이 보이네.
근과 칭을 비교할 때는 별다른 수가 없고 〔16냥은 1근이고 15근[31)]은 1칭이다.〕 법 속에서 오직 가5, 감5 한다.
銖求斤兩要相登 二四〔二四卽二十四銖〕明爲一兩稱
三八四〔三八四卽三百八十四銖〕除斤見之 兩斤求此卽相乘
斤如求兩身加六 減六留身兩見斤
斤秤〔一十六兩爲一斤 一十五兩爲一秤〕較時無別數 法中惟以五除增

☞ 역자 주: 1냥=24수, 1근=384수, 1칭=15근을 말한다. 따라서 냥을 수로 고치려면 24를 곱하고, 근을 수로 고치려면 384를 곱한다는 것이다. 한편 칭을 근으로 고칠 때는 법이 15인 신외가법, 즉 15를 곱하고, 근을 칭으로 고칠 때는

30) 물건을 팔 때는 '단가×물건 수=총액'이므로 곱셈을 이용하고, 물건을 살 때는 '총액÷단가=물건 수'이므로 나눗셈을 이용한다는 뜻이다.
31) 원문에는 15냥이라고 되어있으나 15근으로 고쳐야 옳다.

법이 15인 신외감법, 즉 15로 나눈다. 신외가법은 [8-2] 가법, 신외감법은 [9-2] 정신제를 참조하라.

〔4-2-5〕

〈한전식화지〉에 보면, 금 1세제곱치의 무게는 1근이고 돈으로 치면 만전이라고 하였다. 〔1근은 16냥이다. 방촌은 정육면체를 말한다. 〈한전식화지〉에 따르면, 강태공이 주나라를 위해 구부라는 관청을 세워 법을 다스렸다고 하며 황금은 방촌의 무게가 1근이라고 되어 있다. 안사고가 말하기를, 황금은 근으로 명명한다 하고, 또 진나라는 황금을 일(溢)로 명명한다고 한다. 맹강이 말하기를, 20냥은 일이라고 했다. 사고가 말하기를, 주나라의 1근의 제도를 고쳐서 다시 일로서 금의 단위로 하였다고 했다. 또 말하기를, 한흥은 황금 1근을 사고가 말한 주나라의 제도를 다시 근 단위로 고친 것으로 한다. 또 말하기를, 왕망은 바로 참으로 황금 1근은 만전의 값으로 쳤다. 주제은 8냥이 일류이면 값은 1580으로 치고 타은 일류는 값을 천으로 친다. 또 〈혜제기〉에서 사고가 말하기를, 여러 위에서 내려주시는 금은 누런 것이라고 말하지 않았다고 하였다. 1금과 만전은 〈사기〉 평준서에서 신찬이 말하였다. 즉 진나라는 1일로서 1금으로 하고, 한나라는 1근으로서 1금으로 하고, 관자는 말 1필의 발과 1금의 옷이라 하였고, 〈동방삭전〉에는 풍과 호의 땅 사이에서는 그 값이 1무에 1금이라고 하였다. 〈반고서전〉에는 소원이 불과 1금이라고 하였다. 두보의 시에서 즐거운 잔치는 1금의 가치가 있다고 하였다. 한퇴지의 시에서 주머니에는 1금의 자본도 없다고 하였다. 모두 만전을 말하는 것이다. 송나라의 동언원이 말하였다. 한나라 때의 금 1근은 지금의 4냥이다. 1냥은 겨우 2500의 가치가 있다. 가히 가치가 없다고 말할 수 있다.〕 산학자들의 여러 책들과 〈동문산지〉[32]도 모두 이것을 쓰고 있다. 〈동문산지〉에서 옥의 비율은 1세제곱치의 무게가 7냥이라 하였다. 돌의 비율은 1세제곱치가 6냥이라고 하였다. 은은 1세제곱치에 12냥이라 하였다. 〔(우리 나라의 정은) 7성을 정은이라 하고 10성은 천은[33]이다. 1냥은 엽전 2냥으로 대신 썼다.〕

---

32) 명나라 말기 중국에 서양 수학이 들어오면서 클라비우스가 쓴 <실용산술개론(Epitome of Practical Arithmetic, 1631)>을 번역한 책이다. 총 11장으로, 마테오 리치와 이지조가 함께 번역하였다.

33) 품질이 좋은 은을 말한다.

그릇에 물을 가득 채워서 물이 몇 근인지 미리 알고 여기에 순금과 은을 시험하여 본다. 순금 100근을 물 속에 넣으면 물이 60근 넘친다. 〔금 100근은 부피가 100치[34]이다.〕 은 100근을 물 속에 넣으면 물이 90근 넘친다. 〔은 100근의 부피는 $133\frac{1}{3}$치이다.〕

按漢前食貨志[35] 金自方一寸重一斤 直萬錢〔一斤十六兩也 方寸立方也◯漢前食貨志 太公爲周立九府圖法 黃金方寸而重一斤 顔師古曰黃金以斤爲名 又云秦黃金以溢爲名 孟康曰二十兩爲溢 師古曰改周一斤之制更 以溢爲金之名數 又云漢興黃金一斤 師古曰復周之制 更以斤名金 又云王莽卽眞黃金一斤直錢萬 朱提銀八兩爲一流直一千五百八十 它銀一流直千 又惠帝紀師古曰諸賜金不言黃者 一金與萬錢 史記平準書臣瓚曰 秦以一溢爲一金 漢以一斤爲一金 管子一馬之田一金之衣 東方朔傳酆鎬之間其價畝一金 班固敍傳所願不過一金 杜甫詩華筵直一金 韓退之詩囊無一金資 皆謂萬錢也 宋董彦遠曰漢一斤金今之四兩 每兩僅直二千五百 亦可謂賤矣〕 算家諸書及同文算指幷依此用之◯同文算指玉率方寸重七兩 石率方寸重六兩 銀方寸重十二兩〔(本國丁銀) 七成爲丁銀 十成爲天銀 一兩代用錢文二兩〕 以器貯水令滿已知水幾斤 乃以純金銀試之 純金百斤入水 水溢六十斤〔金百斤立方積一百寸〕 銀百斤入水 水溢九十斤〔銀百斤立方積一百三十三寸三之一〕

〔4-3〕 도율(度率)

10리는 1푼이다. 〔이하는 앞을 보라. 〈주례〉에서 말하기를, 1치의 $\frac{1}{10}$을 매라고 하였다. 매는 1푼이다.〕 10푼은 1치이다. 4치는 1부이다. 〔역시 부(膚)로도 쓴다. 네 손가락을 나란히한 폭만한 길이이다. 악은 부보다 작은 길이를 말한다. 한쪽 손의 네 손가락은 부가 된다.〕 8치는 지라고 한다. 10치는 자라고 한다. 〔역시 적이라고도 한다.〕 4자를 인이라고 한다. 〔혹은 8자 또는 7자를 말한다.〕 7자를 시라고 한다. 8자를 심이라고 한다. 〔역시 인이라고도 말한다.〕 10자를 장이라고 한다. 2심을 상이라고 한다. 5자를 묵이라 한다. 2장을 단이라 한다. 〔혹은

34) 부피이므로 물론 세제곱치이지만, 당시에 길이, 넓이, 부피의 단위를 사용할 때 차원을 고려하지 않고 동일하게 사용하였음을 알 수 있다.

35) 강희자전에는 前漢食貨志로 되어 있다.

5장 5자, 즉 5장 5, 또는 4장 8자, 즉 4장 8로도 한다.〕 4장은 냥이다. 〔비단을 묶는 법은 10개를 한 속으로 한다. 한 속은 5냥으로 하고 40자 비단을 두 끝에서 말아와서 가운데 오면 한 권(卷)은 2장이고 하나의 속배는 이와 같은 2장의 권이 10개이므로 지금의 5필이다. 1필, 즉 4장은 두 권, 즉 2개이므로 4장은 1냥이다.〕 역시 냥은 필이라고 한다. 〔즉 필(匹)이다. 혹은 3장 2자, 즉 3장 2 또는 2장 4자, 즉 2장 4 또는 2장 6자이다. 정씨가 말하기를, 40자를 말하는 필은 필우[36]라는 말의 필과 같다. 옛사람들은 한 필을 두 개의 권으로 하였다.〕 10장을 인이라 한다.

十厘曰分 〔以下見上◯周禮十分寸之一曰枚 枚一分也〕 十分曰寸 四寸曰扶〔亦作膚 四指之廣也 握謂長不出膚 側手爲膚四指也〕 八寸曰咫 十寸曰尺〔亦作赤〕 四尺曰仞〔或八尺亦七尺〕 七尺曰施 八尺曰尋〔亦曰仞〕 十尺曰丈 二尋曰常 五尺曰墨 二丈曰端 〔或五丈五尺度率◯卽五丈五 亦四丈八尺卽四丈八〕 四丈曰兩 〔束帛之法十箇爲束 每束五兩 蓋以四十尺帛從兩頭各卷至中 則每卷二丈 爲一箇束帛是十箇二丈 今之五匹也 一匹四丈爲二卷卽兩箇故四丈爲一兩也〕 亦曰疋〔卽匹也 或三丈二尺卽三丈二 亦二丈四尺卽二丈四亦二丈六尺◯鄭氏曰四十尺謂之匹猶匹偶之匹 古人每匹作兩箇卷子〕 十丈曰引

〔4-3-1〕 단필(端匹)
〔〈상명산법〉 참고〕〔出詳明〕

1필은 40자 또는 38자 또는 42자이다. 〈산학계몽〉에는 24자 또는 32자로 되어 있다. 1단은 50자 또는 48자 또는 52자이다. 〈산학계몽〉에는 48자 또는 55자로 되어 있다. 옛날에는 20자였다.
40자는 필이고 50자는 단이라네.
혹시 빼고 더하고 2자는 여유 있네.[37]
단이나 필에 곱하면 자를 알고

36) 짝 또는 맞음 또는 같음을 의미하는 한자어이다.
37) 필의 경우에는 40에서 ±2하여 38 또는 42로도 사용되었고, 단의 경우에는 50에서 ±2하여 48 또는 52로도 사용된 것을 의미한다.

자로부터 단이나 필을 알려면 법으로 나누어보소.
〔疋四十尺或三十八尺或四十二尺 啓蒙二十四尺又三十二尺 端五十尺或四十八尺或五十二尺 啓蒙四十八尺又五十五尺 古二十尺〕
四十爲疋五十端 或減還加二尺寬
端疋乘來方見尺 尺求端疋法除看

〔4-3-2〕 평방척촌멱법(平方尺寸冪法)
자, 치 이하의 나머지 자리의 이름은 서로 다르다. 이것이 바로 밀률술이다. 여러 수학적인 방법에서 소수의 순서의 이름이 비록 다를지라도 10을 기준으로 하여 올리고 내리고 하는 법칙은 서로 같다. 이 방법은 대략 〈율려신서〉나 〈황종장본〉에 나와있고 조충지나 〈수리정온〉에도 역시 나와있다.
〔尺寸以下零位名稱互不同 此卽密率術也◯諸術小數序次名稱雖各不同而 其以十遞升遞降之數則一也◯此法亦略見律呂新書黃鍾章 本出祖沖之而精蘊亦因之〕

선(본 수) 1자는 10치 1치는 10푼 1푼은 10리 1리는 10호 1호는 10묘 1묘는 10홀
면(평방) 1자는 100치 1치는 100푼 1푼은 100리 1리는 100호 1호는 100묘 1묘는 100홀〔5제곱 이상의 개방법에는 이 평방을 쓴다.〕
체(입방) 1자는 1000치 1치는 1000푼 1푼은 1000리 1리는 1000호 1호는 1000묘 1묘는 1000홀
위에서 1자는 본래 10치이지만 제곱하여 100제곱치가 되고 세제곱하여 1000세제곱치가 된다.38) 나머지도 이와 같다. 제곱하였을 때 치, 푼 이하의 나머지 자릿값의 이름은 모두 100에 이르러 바뀐다. 둘레, 지름, 길이, 너비, 높이, 깊이, 두께 등 이들은 모두 치, 푼 이하의 나머지 자리값의 이름이 모두 10에 이르러 바뀐다. 넓이나 부피가 아니기 때문이다. 〔〈의례〉의 주에서 말하기를, 무릇 길고 짧은 것을 잰 것은 장

38) 원문에서는 제곱치를 평방멱, 세제곱치를 입방멱이라 하였다.

	(一尺)													
尺下寸	百寸 方平	十寸	(一寸)											
寸下分	萬分 乘三	千分 方立	百分 方平	十分	(一分) 同精蘊									
分下厘	百萬厘 乘五	十萬厘 乘四	萬厘 乘三	千厘 方立	百厘 方平	十厘	(一厘) 同精蘊							
厘下毫	億毫 乘七	千萬毫 乘六	百萬毫 乘五	十萬毫 乘四	萬毫 乘三	千毫 方立	百毫 方平	十毫	(一毫) 同精蘊					
毫下秒	百億秒 乘九	十億秒 乘八	億秒 乘七	千萬秒 乘六	百萬秒 乘五	十萬秒 乘四	萬秒 乘三	千秒 方立	百秒 方平	十秒	(一秒) 精蘊絲			
秒下忽	萬億忽 乘十一	千億忽 乘十	百億忽 乘九	十億忽 乘八	億忽 乘七	千萬忽 乘六	百萬忽 乘五	十萬忽 乘四	萬忽 乘三	千忽 方立	百忽 方平	十忽	(一忽) 同精蘊	
忽下無名	百萬億○ 乘十三	十萬億○ 乘十二	萬億○ 乘十一	千億○ 乘十	百億○ 乘九	十億○ 乘八	億○ 乘七	千萬○ 乘六	百萬○ 乘五	十萬○ 乘四	萬○ 乘三	千○ 方立	百○ 方平	十○
	(一)○ 微精蘊													

(발음은 직량반이다. 거성이다.), 얕고 깊은 것을 잰 것은 심(발음은 시짐반)이라 한다. 넓고 좁은 것을 잰 것은 광(발음은 광광반)이라 하고, 높고 낮은 것을 잰 것은 고(발음은 고도반)라고 한다. 서로 이 음을 그대로 이어서 쓰거나 혹은 문자를 쓴다. 장, 심, 고, 광을 읽을 때 이 네 글자는 모두 거성이다.]

線(本數) 一尺十寸　一寸十分　一分十厘　一厘十毫　一毫十秒　一秒十忽
面(平方) 一尺百寸　一寸百分　一分百厘　一厘百毫　一毫百秒　一秒百忽
〔上四乘翻開方法用此平方〕
體(立方) 一尺千寸　一寸千分　一分千厘　一厘千毫　一毫千秒　一秒千忽
右一尺本十寸 自乘爲平方冪百寸 再自乘爲立方冪千寸 餘倣此○積冪寸分下零皆用百爲母○周徑長廣高深厚此等寸分下零皆用本數十爲母 非積故也〔儀禮註曰 凡度長短曰長(直亮反 去聲) 度淺深曰深(尸鴆反) 度廣狹曰廣(光曠反) 度高下曰高(古倒反) 相承用此音或皆依字　讀此長深高廣四字皆去聲〕

〔4-4〕 부율도량형도(附律度量衡圖)

1고는 45이고 6고이면 270이다. 가운데 1을 합하여 271매가 된다.39)

밀률에서 곡40)의 지름은 1자 4치 3푼 6리 1호 9묘 2홀이고 조방은 1푼 009호에 나머지가 있다고 한다. 〔한 변이 1자인 정사각형의 네 귀퉁이를 이은 대각선이 지름이다. 유흠의 방법에 의하면 조방은 9리 5호에 1리 4호의 작은 나머지가 있다. 정씨가 말하기를, 조(庣)의 음은 조(條)이고 뽕나무 가지를 말하는 조이다. 조는 과한 것이다. 산학에서 한 변이 1자인 정육면체가 1곡을 받으면 9리 5호가 남고 연후에 1곡이 된다. 지금도 남아 있는 왕망 때의 곡의 치수는 이와 같다. 사고가 말하기를, 조는 가득차지 않은 곳이다. 음은 토조반이다.〕 둘레는 4자 5치 1푼 1리 9호 2묘 9홀과 나머지가 있다. 깊이는 1자이고 부피는 1620치이다. 10말 들어간다. 안의 네 귀퉁이는 밖의 원주에 접하지

39) 그림의 六觚算法에서 1고가 하나의 삼각형에 해당한다. 그 안의 점의 개수는 $\sum_{1}^{9}k=45$이므로 총수는 $45\times6+1=271$개이다.

律

方圓算法

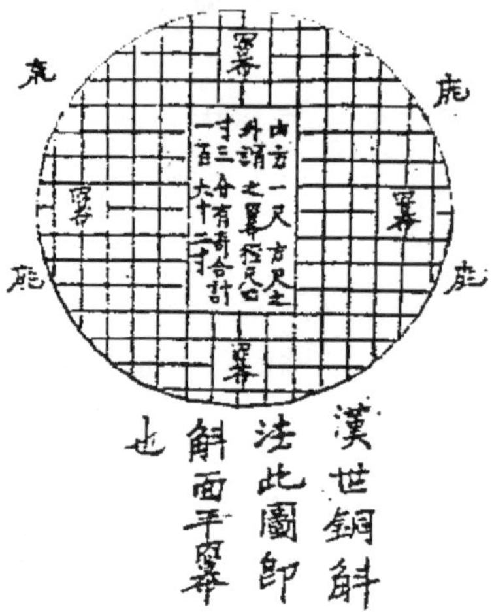

六觚算法

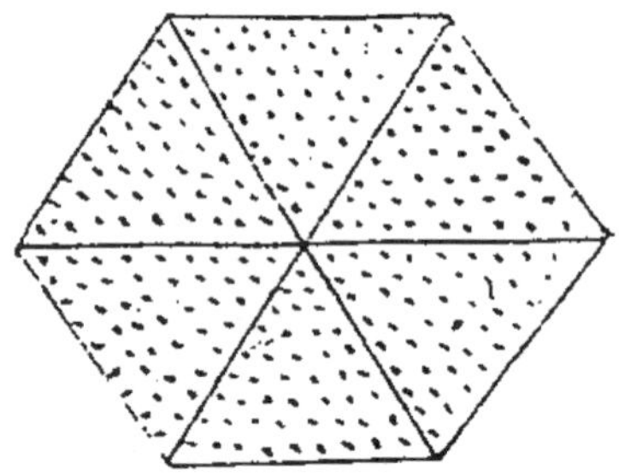

않으므로 네 개의 멱은 호시라고 말하지 않는다.

一觚四十五 六觚二百七十 合中央一爲二百七十一枚

密率斛徑一尺四寸三分六厘一毫九秒二忽 庣旁一分空空九毫奇〔方尺外四角斜徑◯劉歆術庣旁九厘五毫 少一厘四毫奇◯鄭氏曰庣音條桑之條 庣過也 算方一尺所受一斛 過九厘五毫然後成斛 今尚方王莽斛制盡與此同◯師古曰庣不滿之處也 音吐彫反〕周四尺五寸一分一厘九毫二秒九忽奇 深一尺積一千六百二十寸 容十斗 內方之四角不接於外圓 周故四冪不曰弧矢

〔4-4-1〕

예기[41]에는 덮개가 있다. 거친 옷감으로 만들어, 이것으로 그릇을 덮는다. 그 모양은 정사각형이고, 옷감의 실올은 세로, 가로의 올 자체가 우물 정(井)자 모양을 하고 있다. 〈주례〉나 우리나라 5예의에는 모두 덮개의 그림이 있다. 올바른 종류는 자 또는 치 길이의 정사각형 모양이다. 산학에서 면이나 멱의 이름은 그 뜻을 여기에서 따왔다. 멱은 또한 멱(冪), 멱(鼏), 경, 정(鼎)이라고도 하고 음과 뜻은 서로 통한다.

按禮器有冪 所以覆器以疏布爲之 其形正方布縷經緯自成井様 周禮及本國五

---

40) 곡(斛)은 10말의 용량 또는 그 용량을 되는 기구를 말한다.

41) 제사 또는 손님을 접대할 때 사용하는 그릇을 말한다.

禮儀皆有冪圖 正類尺寸方區之狀 算家面冪之名蓋取其義 冪亦作冪鼏경[42] 鼎蓋也 音義互通

〔4-4-2〕
채옹이 독단적으로 말하기를, 하나라 때는 10치를 1자로 하였고 은나라 때는 9치를 1자로 하였고 주나라 때는 8치를 1자로 하였다.
蔡邕獨斷云 夏十寸爲尺 殷九寸爲尺 周八寸爲尺

〔4-4-3〕
위는 곡, 아래는 말, 왼쪽 귀(耳)는 되, 오른쪽 귀는 홉이고, 약은 오른쪽 홉의 아래에 있다.[43]
上爲斛 下爲斗 左耳爲升 右耳爲合 龠附于右合之下

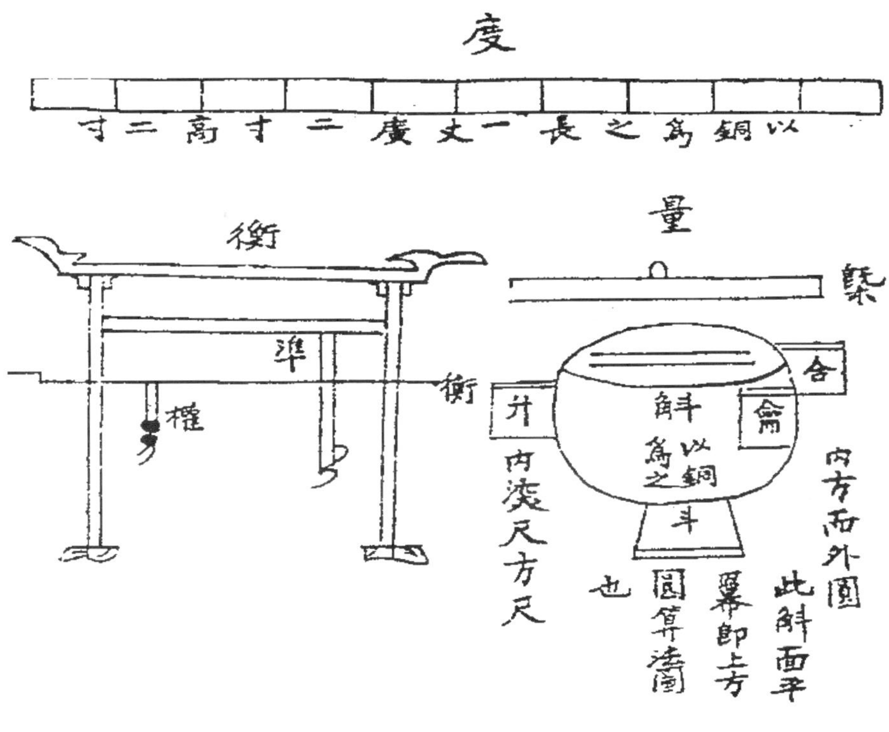

42) 멱(鼏)의 음 부분인 冖을 冂으로 고친 자로, '솥귀나무 경'을 써야하지만, 활자가 미비되어 생략한다.
43) 그림의 量에 그 위치가 분명하게 표시되어 있다.

〔4-5〕 한동곡적촌수조방술(漢銅斛積寸推庣旁術)
조씨가 원에 관한 계산에서 사용한 약률을 보면, 지름이 7일 때 둘레가 22인 것은 너무 대략적인 방법인 것 같다. 그의 더 세밀한 방법으로서 지름 1에 둘레 314159265의 비율이다. 따라서 밀률로서 지름 113에 둘레 355이다.[44] 〈율려신서〉의 곡의 지름과 차이가 없다. 지름 1배는 정사각형의 한 변의 4배이므로 지름이 113이면 452배에 해당하고 둘레가 355이면 1420배에 해당한다.
〔按祖氏圓算約率 徑七圍二十二猶是大約法 其密法則徑一圍三一四一五九二六五 故因定密率徑一百一十三圍三百五十五 以準律呂新書斛徑不差 徑一段準方面四段 故徑一百一十三則準四百五十二段 周三百五十五則準一千四百二十段〕

밀률에서 곡의 지름은 1자 4치 3푼 6리 1호 9묘 2홀〔〈율려신서〉에 있다.〕이다. 조방은 1푼 009호하고 나머지가 있다. 〔위에서와 같다.〕
密率斛徑一尺四寸三分六厘一毫九秒二忽 〔出律呂新書〕 庣旁一分空空九毫奇 〔上同〕

내가 이 곡의 둘레를 생각하여 보니 4자 5치 1푼 1리 9호 3묘 1홀이고 멱은 162치다. 〔멱을 실로 하여 452를 곱하고 355로 나누면 정사각형의 넓이를 알고 지름을 구하는 것이다. 또 멱을 실로 하고 1420을 곱하고 113을 법으로 하여 나누면 정사각형의 넓이를 알고 둘레를 구하는 것이다.〕 법에 의하여 정사각형의 넓이를 얻으면 206치 2푼 6리 4호 7묘 8홀 873239이다. 〔제곱근을 구하면 곡의 지름을 얻는다. 홀밀의 나머지는 버린다.〕 곡 밖의 원 안에 있는 정사각형은, 한 변 10치를 제곱하면 100치이고 2배하면 200치가 되어 안에 있는 정사각형의 대각선의 제곱이다. 〔즉 구와 고의 각각의 제곱의 합이다.〕 제곱근을 구하여 현 1자 4치 1푼 4리 2호 1묘 3홀을 얻는다. 이때 정사각형의 대각선은 바로 원의 지름이다. 따라서 이 대각선의 길이를 원의 지름에서 빼면 2푼 1리 9호 7묘 8홀 6을 얻는다. 이것을 2로 나누어 얻는 1푼 00 9호 8묘 9홀 3, 이것이 바로 정사각형과 바깥 둘레 원 사이의 거

44) 조충지가 사용한 원주율인 약률 22/7과 밀률 355/113에 대한 설명이다.

리이다. 본문에서는 간략하게 말하기 때문에 다만 1푼 009호하고 나머지가 있다고만 하였다. 〔정사각형의 꼭지점이 원 둘레에서 떨어져 있는 것이 극히 작으면 그 대각선과 지름의 길이는 거의 같다. 그러나 여기의 곡에서는 그렇지 않다. 원과 정사각형은 이미 떨어져 있어 제법 사이가 있다. 따라서 지름에서 대각선을 뺀 것이 조방의 크기이다. 제곱근을 구하는 계산이 정확하지 않다면 누가 이것을 자세히 알 수 있을 것인가?〕
愚按此斛周 四尺五寸一分一厘九毫三抄一忽 冪一百六十二寸〔置冪爲實以四百五十二乘之 三百五十五爲法除之 卽得方積求徑○又置冪爲實以一千四百二十乘之 一百一十三爲法除之 得方積求周〕 依法得方積二百空空六寸二分六厘四毫七秒八忽八七三二三九〔平方開之卽得斛徑 忽下零棄之〕 斛外圓内方 蓋其内方十寸自之百寸 倍之二百寸 爲内方四角弦冪〔卽句股各自之倂之也〕 開平方得弦一尺四寸一分四厘二毫一秒三忽 夫方之弦卽圓之徑也 故以此弦之長減於徑之長得二分一厘九毫七秒八忽六 半之得一分空空九毫八秒九忽三 是爲四角距外周之斜徑也 本文略而言之 故只曰一分空空九毫奇也〔方角與圓周相距不以毫髮之間 則是其弦徑之長固相均也 此斛則不然 圓以圓方而已相距稍有間焉 故得以弦減於徑而庣旁之數起矣 非精於開方其孰推之〕

심히 나의 어리석고 둔함이여, 저 조방의 방법을 깊이 생각하였으나 오랫동안 깨닫지 못하였다. 생각을 하여도 끝이 없었고 항상 무엇인가가 뱃속에 막혀있는 듯하였으나 이제 셈을 하여보니 단칼로 밴 듯이 신통하게 알게 되었다. 이제 와서 화담 선생이 말씀하신, 생각하면 얻으리라는 뜻을 비로소 알게 된 것은 우연이 아니다. 이제부터 지난날 잘 몰랐던 것을 확실히 알고자 하는 것이 나의 바램이다.
甚矣余之愚且鈍也 惟彼庣旁之術 覃思蓋久而莫之悟也 思之不得罷之不能常如一物梗着於肚間 乃今一轉布算便自迎刃而透之 殆神其通之而然歟 於是乎始知花潭先生可以思得之旨不偶然也 從此以往觸處冰釋隨見立解 吾其庶乎

〔4-6〕 본국속대전(本國續大典)
〔지금의 상감 20년 갑자[45])이고, 청나라의 건륭 9년에 보완하고 수정

45) 영조 20년 서기 1744년을 말한다.

되어 편찬되었다.]〔今上二十年甲子 淸乾隆九年刪正編出〕

〔4-6-1〕 공전제사제읍행용곡두승(工典諸司諸邑行用斛斗升)

대곡은 20말 들이다. 〔전석이다.〕 길이 2자, 너비 1자 1치 2푼, 높이 1자 7치 5푼, 부피는〔입체이다.〕 3920치이다. 〔부피 3자 9치 2푼을 말을 계산하는 근거로 하여 계산해보면 역시 맞다. (그 근거에 의하면 10말은 바로 부피 1960치이다.) 〈속대전〉에서 말하기를, 높이가 1자 7치 2푼이라고 말하고 있으나 계산하여 보면 말의 기준에 맞지 않다. 지금 종전의 기록대로 바로잡는다. 명나라 홍무 신해년에 진사 시험에 합격한 태원의 유빈이라는 사람의 주에, 손무자가 말하기를 옛날에는 1곡을 1섬이라 하고 바로 10말이며, 지금은 2곡으로 1섬이라고 한다고 하였다. 이것으로 보면 바로 20말이다. 우리나라의 대곡은 20말이다.〕

소곡은 15말 들이다. 〔평석이다.〕 길이 2자, 너비 1자, 높이 1자 4치 7푼, 부피는 〔입체이다.〕 2940치이다. 〔1치 정육면체는 부피가 1000치이고 이 소곡의 부피 2940치를 말을 계산하는 근거로 계산하여 보면 맞다. 소곡은 관청의 곡식을 팔고 살 때 항상 쓰고 있다. 지금 생각하면 관청에서는 15말 평석을, 민간에서는 20말 전석을 쓰고 있고 관청이나 민간이나 모두 10말을 섬으로 쓰지 않는 것이 우리나라의 풍속이다.〕

말은 10되 들이다. 길이 7치, 너비 7치, 높이 4치, 부피는〔입체이다.〕 196치이다. 〔되의 근거가 되는 계산법으로 계산하면 수가 맞다.〕

되는 10홉 들이다. 길이 4치 9푼, 너비 2치, 깊이 2치, 부피는〔입체이다.〕 19치 600푼이다. 〔1홉의 부피는 1치 960푼이다.〕

大斛容入二十斗〔全石〕 長二尺 廣一尺一寸二分 高一尺七寸五分 積實〔立方〕三千九百二十寸 〔積三尺九寸二分據斗計之數亦合 (十斗則積一千九百六十寸)◯續大典云高一尺七寸二分 計之準斗不合 今從前續錄爲正◯明洪武辛亥科進士太原劉賓注 孫武子曰 古以一斛爲一石 則十斗也 今以二斛爲一石 按此卽二十斗 本國大斛二十斗者也〕

小斛容入十五斗 〔平石長二尺 廣一尺 高一尺四寸七分 積實〔立方〕二千九百四十寸 〔立方一尺積千寸 則此小斛乃積二千九百四十寸 據斗計之數合◯小斛官穀糶糴時常用 按今官用十五斗平石 民間用二十斗全石 幷不以十斗爲石國俗然爾〕

斗容八十升 長七寸 廣七寸高四寸 積實〔立方〕一百九十六寸 〔據升計之數合〕
升容八十合 長四寸九分 廣二寸 深二寸 積實〔立方〕一十九寸六百分〔一合積實一寸九百六十分〕

〔4-6-2〕 팔도로정(八道路程)
〔명나라에서 하는 바와 같이 주나라의 자로 6자(마땅히 5자)를 1보라 하고 360보를 1리라 하고 30리를 1식이라 하였다. 영락갑오년[46]에 정한 바 농부의 세 손가락이 셋, 두 손가락이 둘, 한 손가락이 하나인 것을 모두 더하여 1자로 한다고 하였다. 서양법은 1리가 100장이다. 〈동문산지〉에서 리법은 360보이고 보법은 지금 쓰는 5자이다.〕
서쪽 길에 기발[47]을 두었다. 서울에서 의주까지 45개의 역마을이 있다.
남북쪽 길에 보발을 두었다. 서울에서 동래까지 35개의 역마을이 있고 서울에서 경성까지 19개의 역마을이 있다.
〔依明例用周尺六尺(當云五尺)爲一步 三百六十步爲一里 三十里爲一息○永樂甲午所定 農夫手三指三 二指二 一指一爲尺○西洋法一里百丈○同文算指里法三百六十步 步法今用五尺〕
西路置騎撥 自京至義州四十五站
南北路置步撥 自京至東萊三十五站 自京至鏡城十九站

〔4-6-3〕 호전(户典)
대동세에서 받는 포목〔옷감이다.〕은 35자가 1필이다. 〔너비는 7치이다.〕 쌀 5되에 해당한다. 군포는 쌀 6되에 해당하고 40자가 1필이다.
大同稅木〔布也〕 三十五尺爲一匹〔廣七寸〕 準五升 軍布則準六升 四十尺爲一匹

---
46) 영락갑오년은 명나라 성조 12년, 우리 나라 태종 14년, 서기 1414년에 해당한다.
47) 기발은 기병을 다스리는 곳, 보발은 보병을 다스리는 곳으로 짐작된다.

(잠실법) 누에에서 실을 잡아 당겨 뺄 때 사람이 하루 각각 생고치 1말에서 실을 뽑으면 고치 무게는 9냥이고 나오는 실은 1냥이다. 〔송나라법에 실 10냥은 정련할 때 3전이 소모되고 9냥 7전이 정련된 실이 된다.〕

(蠶室法) 蠶室引絲 人一日各繅生繭一斗 繭重九兩 出絲一兩 〔宋法煉絲每一十兩耗三錢 其九兩七錢爲淨絲〕

(징채법) 국가의 곡물을 관리하면서 곡물의 양이 줄거나 곡물이 없어졌을 때 관리자는 다른 곡물로 나머지를 적절히 미루어 생각하여 맞추어 놓는다.

빌려간 소금이나 보리 1말은 쌀 4되로 대신한다.

팥 1말은 쌀 6되로 대신한다.

기장 1말은 쌀 3되로 대신한다.

당서 1말은 쌀 4되 2홉으로 대신한다.

서속, 보리, 콩 1말은 쌀 5되로 대신한다.

패선미 1말은 물에 젖으면 4되 5홉 불어나고 쪄서 말리면 3되 9홉 3작 축소한다. 〔열(劣)은 축소이다.〕

만약 평 1섬〔15말이다.〕이 물에 젖으면 6말 7되 5홉이 불어나고

쪄서 말리면 5말 8되 8홉 축소한다.

이와 같이 내보낸 양이나 분급을 배상할 때 쪄서 말린 후 앞에서 말한대로 환납한다.

(徵債法) 凡典守穀物虧欠者有他穀剩餘推移準計

租鹽麰 一斗代米四升

赤豆一斗代米六升

稷一斗代米三升

唐黍一斗代米四升二合

黍粟麥黃豆一斗代米五升

敗船米一斗水浸剩四升五合 蒸乾劣三升九合三勺 〔劣縮也〕

若平一石〔十五斗〕則水濕剩六斗七升五合 蒸乾劣五斗八升八合

右拯出斗量分給蒸乾後依此還納

〔4-6-4〕 관창조적(官倉糶糴)

〔지금 흔히 말하는 환상[48]이다.〕

각 곡식을 재난을 당한 해에 꾸어주고 꾸어준 곡식 대신에 다른 곡식을 받는다. 관찰사가 백성들이 여쭈는 것을 듣고 시행한다. 해를 기다려[49] 본래의 곡식과 서로 바꿀 수 있는 것을 징채법의 기준에 따라 받아들인다. 조적이라는 글자를 보면, 그 본래 의미는 매매를 말한다. 쌀을 팔아서 물건을 사는 것을 조라 하고 물건을 팔아서 쌀을 사는 것을 적이라 한다. 지금 온 나라에서 흔히 환상을 알고 있기를 빌려주는 것을 조, 빚을 갚는 것을 작이라 하고 있으나 그 글자의 본래의 뜻을 모르고 있는 것이며 습관에 빠져서 엉뚱한 곳으로 치우친 생각임이 분명하다. 조의 음은 조(眺), 적의 음은 적(迪)이다.

〔今俗稱還上〕

〔各穀遇災年代捧 觀察使啓聞乃施行 待年還作本色其相代與徵債法相準◯按糶糴字義本是買賣之謂 賣米買物謂之糶 賣物買米謂之糴 今國俗例以還上貸給爲糶 還債爲糴 而不復知其字之本義 蓋溺習偏方所見而然也 糶音眺 糴音迪〕

쌀과 좁쌀은 서로 바꿀 수 있으나 쌀 대신 좁쌀로 환상할 때는 모미는 제외한다.

쌀 1섬에 대신하는 것은 콩 2섬, 또는 조 2섬 7말 5되, 또는 소두 1섬 7말 5되이다. 〔콩은 바로 대두이다. 우리 나라에서 흔히 태소두라고 부른다. 즉 적소두이다.〕

소두 1섬은 콩 1섬 4말, 또는 속조 1섬 5말로 대신한다.

콩 1섬은 소두 11말 2되 5홉, 또는 속조 1섬 3말로 대신한다.

조 1섬은 콩 12말로 대신한다.

직미는 서미와 서로 바꾼다.

녹두는 소두와 서로 바꾼다.

직당〔즉 촉출〕은 황조와 서로 바꾼다.

진맥은 정조와 서로 바꾼다.

大小米相代 而小米代大米則除耗

---

48) 환납, 즉 빌린 것을 도로 바치는 것을 의미한다.

49) 다음 해를 말한다.

米一石代黃豆二石 租二石七斗五升 小豆一石七斗五升〔黃豆卽大豆 國俗呼太小豆卽赤小豆〕

小豆一石代黃豆一石四斗 粟租一石五斗

黃豆一石代小豆十一斗二升五合 粟租一石三斗

租一石代黃豆十二斗

稷米黍米相代

菉豆小豆相代

稷唐〔卽薥秫〕荒租相代

眞麥正租相代

5 지율 · 전율 · 잡률

〔5-1〕 지율(地率)[50]
1홀〔너비 1치, 길이 6치, 넓이 6치이다.〕
10홀은 사이다. 〔넓이는 60치이다.〕
10사는 호이다. 〔넓이는 600치이다.〕
10호는 리이다. 〔넓이는 6000치이다.〕
10리는 푼이다. 〔넓이는 6만치이다.〕
10푼은 무이다. 〔넓이는 60만치, 즉 6000자이다.〕
一忽〔闊一寸長六寸積六寸〕 十忽曰絲〔積六十寸〕 十絲曰毫〔積六百寸〕 十毫曰厘〔積六千寸〕 十厘曰分〔積六萬寸〕 十分曰畝〔積六十萬寸卽六千尺〕

〔5-1-1〕
옛날 법에 따르면, 6자를 보라 한다. 〔한 변이 1보인 정사각형의 넓이는 36자이다.〕 너비 1보, 길이 100보를 무라 한다. 〔100보 또는 3600자이다.〕 100무를 경이라 한다. 〔100무 또는 36만자이다.〕 300보를 리라 한다. 〔한 변이 1리인 정사각형의 넓이는 324만자이다.〕 넓이는 9만보〔한 변이 1리인 정사각형의 넓이이다.〕이다.
古法六尺曰步〔一步方積三十六尺〕 廣一步長一百步曰畝〔百步三千六百尺〕 百畝曰頃〔百畝三十六萬尺〕 三百步曰里〔一里方積三百二十四萬尺〕 積九萬步〔里積〕

☞ 역자 주: 한 변이 1리인 정사각형의 넓이를 제곱보와 제곱자로 나타내면 다음과 같다.

1리＝300보이므로 $300 \times 300 = 90000$(제곱보)

1리＝1800자이므로 $1800 \times 1800 = 3240000$(제곱자)

〔5-1-2〕
지금 사용하고 있는 법에 따르면, 5자를 보라 한다. 〔한 변이 1보인 정사각형의 넓이는 25자이다.〕 너비 1보〔한 변이 1보, 즉 5자인 정사각

50) 땅의 비율을 말한다.

형의 넓이는 25자이다.], 길이 240보를 무라 한다. [240보는 6000자이다.] 100무를 경이라 한다. [100무는 60만자이다. 1무는 너비 1장, 길이 60장이다. 1무의 $\frac{1}{4}$은 1각이라 하고, 1각은 한 변이 1장인 정사각형이 15개이다. 1무의 $\frac{1}{10}$은 1푼이고 한 변이 1장인 정사각형이 6개이며 한 변이 1자인 정사각형은 600개이다. 100무를 1경이라 하고 5경 40무를 구라 한다.] 360보를 리라 한다. [한 변이 1리인 정사각형의 넓이는 324만자이다.] 넓이는 129600보[한 변이 1리인 정사각형의 넓이]이다.

今法五尺曰步[一步方積二十五尺] 廣一步[一步自方五尺積二十五尺] 長二百四十步曰畝[二百四十步六千尺] 百畝曰頃[百畝六十萬尺○一畝橫一丈縱六十丈 四分其畝爲一角 角得方丈者十五 十分其畝爲一分 分得方丈者六 得方尺者六百 百畝爲頃 五頃四十畝爲丘] 三百六十步曰里[一里方積三百二十四萬尺] 積十二萬九千六百步[里積]

[5-1-3]

주씨[51]의 〈산학계몽〉을 볼 때 총괄에서 말하기를 무법은 너비 1보, 길이 240보이고 마땅히 한 변이 5자인 정사각형이 1보이다. 그 리법에서 300보를 1리라고 한 것은 마땅히 한 변이 6자인 정사각형을 1보로 한 것이고 만약 360보를 1리라고 한 것은 마땅히 한 변이 5자인 정사각형을 1보로 한 것이라고 하였다. [무법에서 1보는 한 변이 5자인 정사각형에서 넓이가 25자이므로 240보를 모두 합하여 1무라면 바로 넓이는 6000자이다. 주공사마법에 의하면 6자가 1보이고 당나라는 주나라 때의 1자 2치를 1자로 사용하였으므로 5자가 1보이고 240보가 1무이며 360보가 1리이다. 한편 말하기를 황제 때는 6자를 1보로 하였고 100보를 무로 하였다. 진나라 효공이 처음으로 230보를 무라 하였으나 지금은 240보를 1무로 한다. 〈옥편사략〉의 주에 말하기를, 진나라 효공이 6자를 1보로, 240보를 1무로, 30보를 원으로 제정하고, 보가 6자를 넘으면 바로 1무의 넓이가 넓어져서 세금이 적어진다. 따라서 벌이 있다. 당나라 현종 때부터 5자를 1보로 쓰기 시작하였다. 지금의 법

51) 주세걸을 말한다.

은 너비 1보, 길이 240보를 1무로 하고 바로 1무의 넓이는 240보이고 한 변이 15보 4919333848, 즉 77자 459666924인 정사각형이다. 마땅히 주나라 때의 법으로 하면 한 변이 92자 9516003088인 정사각형이다. 예나 지금이나 리법이 비록 다르나 그 자수는 모두 1800자이다. 이것은 〈계몽〉에서 사용하는 방적이 아니다.]

按朱氏啓蒙 總括曰畝法闊一步長二百四十步 當自方五尺爲步也 其里法三百步爲里者 當自方六尺爲步 若三百六十步爲里者 當以自方五尺爲步也 〔畝法一步方五尺 積二十五尺 計二百四十步爲一畝 則積六千尺◯周公司馬法 六尺爲一步 唐用周一尺二寸爲一尺 故五尺爲一步 二百四十步爲一畝 三百六十步爲一里 一云黃帝以六尺爲步 百步爲畝◯秦孝公始以二百三十步爲畝 今以二百四十步爲畝◯玉篇史略註 秦孝公制六尺爲步 二百四十步爲畝 三十步爲畹 步過六尺則畝寬稅小故有罰 自唐玄宗始以五尺爲步◯今法廣一步長二百四十步爲一畝 則一畝積二百四十步 方一十五步四九一九三三三八四八 卽七十七尺四五九六六六九二四 當周九十二尺九五一六空空三空八八◯古今法里法雖異 而其尺數俱得一千八百尺 此乃啓蒙所用非方積也

☞ 역자 주: 무법과 리법에 대한 설명이다.

1무＝240제곱

$$1리 = \begin{cases} 300보(1보=6자인\ 경우) \\ 360보(1보=5자인\ 경우) \end{cases} = 1800자$$

〔5-2〕 전율(錢率)[52]

당나라 때의 법을 보면 개원통보는 돈[53]의 지름이 8푼이고 무게는 2수 4루이고 10전을 쌓으면 무게가 1냥이다. 이것은 1전이 지금의 10문에 해당한다. 혹 1문이 1전이라고 하는 것은 틀린 것이다. 이것은 고조 때 행하여진 것이다. 숙종 건원 원년에 다시 건원중보를 주조하였다. 대전 하나는 1전의 10개에 해당하고 지름은 1치, 엽전을 꿴 1꿰미의 무게는 10근이다. 우리 나라 동전은 상평통보(즉, 대전)라 부르고 무게는 2전 5푼이고 100문을 냥이라 하고 10냥을 관이라 한다. 조선통보의 소전

52) 돈의 비율을 말한다.
53) 주화, 우리말로는 엽전이라 하였다.

은 바로 400문을 냥이라 하고 1문의 무게는 6푼 2리 반이다. 나라에서 옛날부터 종이돈을 사용하였고 다시 상목으로 바뀌고 다시 상목이 엽전이 되었다. 〈훈몽자회〉에서 말하기를 초(鈔)는 奀, 圡, 즉 종이돈이다.

錢率

〔按唐法開元通寶錢徑八分重二銖四累 積十錢重一兩 是一錢當今十文 或以一文爲一錢者誤也 此乃高祖時所行也 肅宗乾元元年又鑄乾元重寶 大錢一當十 徑一寸 每緡重十斤○本國銅錢文曰常平通寶(卽大錢) 重二錢五分 百文爲兩 十兩爲貫 其朝鮮通寶小錢 則四百文爲兩 一文重六分二厘半○國舊用楮幣 變爲常木 常木又改爲錢○訓蒙字會曰鈔奀圡卽楮貨〕

〔5-2-1〕

10리를 푼이라 한다.〔이하는 앞을 보라.〕 10푼을 문이라 한다.〔1매이다.〈훈몽자회〉에서 말하기를 1자가 문이고 또 동전 1개가 1문이다.〕 10문을 전이라 한다. 100문을 냥이라 한다.〔역시 환(環)이라 한다. 또한 환(鍰)이라고도 한다.〕 1000문을 관이라 한다.〔10냥은 관이고 바로 환(環)이다. 민이다. 강이다. 환(環), 환(繯)은 잘못된 것이다.〕 10관을 정이라 한다.〔원나라 법이다.〕

十厘曰分〔以下見上〕 十分曰文〔一枚 訓蒙字會曰一字爲文 又銅錢一箇爲一文〕 十文曰錢 百文曰兩〔亦曰環 亦作鍰〕 千文曰貫〔十兩貫卽環也 緡也鏹也 環繯誤〕 十貫曰定〔元法〕

〔5-2-2〕

진나라 법에 1일은 금 무게 1근을 말한다.〔〈한전식화지〉에 근거하여 보면 안씨가 단 주에 마땅히 20냥이라고 말하고 있다.〕

秦法一鎰曰金重一斤〔據漢前食貨志顔註當云二十兩〕

〔5-2-3〕

한나라 법〔주나라 법도 같다.〕에 1근은 1치 정육면체의 금의 무게를 말한다.〔〈공양전〉의 주에 말하기를 100금은 백만과 같다고 하였다. 옛날 사람들은 금의 무게 1근을 금 만전과 같다고 하였다.〈식화지〉에 말하기를 황금 1근은 만전의 가치라고 하였다.〕

漢法〔同周法〕 一斤曰金自方一寸 〔公羊傳註曰百金猶百萬也 古者以金重一斤若金萬錢矣 食貨志云黃金一斤直萬錢〕

〔5-2-4〕
당나라 법에 80을 백(陌), 즉 백(百)이라 하였다. 〔당나라 소종 말년에 정한 바 있는 백전을 백(陌)이라 하고 백(陌)이란 글자를 빌려서 썼다. 십(什)이나 오(伍)와 같다. 한나라 은제 때54) 왕장이 처음으로 명하기를, 들어오는 것은 80으로 하고 나가는 것은 77로 하였다. 이것을 성백이라 한다. 적은 것을 펼쳐서 많게 함이다. 백(陌)은 본래 백(百)의 빌린 글자이고 또 80을 백이라고 하면, 바로 들어오는 것은 100으로 하고 나가는 것은 80으로 처음부터 정해진 것이다. 그 후, 이 명령을 고쳐서 들어오는 것은 80으로 하고 나가는 것은 77로 하였다.〕
唐法八十曰陌 卽百也 〔唐昭宗末所定 百錢謂陌 借用陌字 如什與伍 漢隱帝時 王章始令 入者以八十出者七十七 謂之省陌 展少爲多也 陌本百之借字而又曰八十爲陌則蓋初令入者以一百出者八十 其後改令入以八十出以七十七耳〕

〔5-2-5〕
송과 원나라 법에 10관을 정이라 하고, 금 5냥과 은 10냥을 정(錠)이라 하였다. 〔즉 정(定)이다.〕 또한 말하기를 병(餠)이라 하였다. 〔한편으로는 병(鉼), 병금, 또한 말하기를 판이라고 하였다. 바로 반(飯)의 뜻이다. 마치 병(餠)의 병(鉼)과 같다. 원나라 때 사람들은 금 5냥과 은 10냥으로 병을 만들어 부르기를 정(錠) 또는 정(定)이라 하고 또 금 5냥과 은 10냥을 1정(錠)이라 하였다.〕 초 50냥을 정(定)이라 한다. 〔초는 발음이 초교절이다. 거성이다. 종이돈이다. 송나라 법에 관청에서 돈을 줄 때 또는 세금을 거둘 때 1관마다 반드시 두자전 56문을 제하였다. 또 세금을 거둘 때 1관마다 불계성전 1문 9푼 5리를 반드시 납부하게 하여 모두 관에 귀속시켰다. 〈동문산지〉에서 돈 1000문(10냥)은 민이고 5민(50냥)은 정이고, 500전인 5000문의 종이돈 5관을 정이라 하고, 정이 돈 1000문에 해당하면 1관은 200문에 해당한다.〕
宋元法十貫曰定 金銀五兩十兩曰錠〔卽定也〕 亦曰餠〔一作鉼 餠金亦曰鈑 卽

54) 오대(五代)시대 후한의 은제(隱帝, 947-950)를 말한다.

飯義如餠之爲鉼◯元人以金銀五兩十兩作餠號爲錠或作定 又金銀五十兩爲一錠〕 鈔五十兩曰定〔鈔楚敎切 去聲 錢鈔也◯宋法官支錢及收税錢 每貫除尅頭子錢五十六文 又收税錢每貫尅納不繫省錢一文九分五厘 幷歸于官◯同文算指錢千文(十兩)爲緡 五緡(五十兩)爲錠 五百錢五千文鈔五貫爲錠 錠當錢千 一貫當二百文〕

☞ 역자 주: 화폐로 처음에는 금과 은이 사용되었으나 후에 동전과 지폐가 나왔으며, 산서에서는 은이 사용되는 경우가 많다. 은에는 화폐(돈)의 의미가 들어있는 것으로도 짐작할 수 있다.

화폐의 단위는 다음 순서에 따라 $\frac{1}{10}$ 배가 된다.

관, 냥(환), 전, 문, (푼, 리, …)

예컨대 1전은 10문이다. 그리고 원나라 때는 관의 10배가 정이었으며, 진, 한, 당나라에서 금 1근에 해당하는 돈의 상대량이나 명칭에 차이가 있어 화폐의 교환 관계는 시대에 따라 달랐음을 알 수 있다.

〔5-3〕 잡률(雜率)

〔이것은 물시계에서 쓰는 수이다. 수를 교묘하게 부르고 있다. 바로 다른 이름으로 부르고 있는 것을 설명한다.〕

중반〔 $\frac{1}{2}$ 〕,

소반〔 $\frac{1}{3}$ 〕,

태반〔 $\frac{2}{3}$. 이상 중 · 태 · 소 3반은 옛날 사람들이 많이 쓰고 있었다.〕,

약반〔 $\frac{1}{4}$. 역법에서는 역시 소반이라 하였다.〕,

강반〔 $\frac{3}{4}$. 역법에서는 역시 태반이라 하였다.〕

〔이 태 · 중 · 소반은 모두 3을 분모로 하고 있다. 바로 옛날 법이다. 〈한서〉나 〈주례〉 등의 주에서 말할 때 모두 그 법을 쓰고 있다. 역서에서 처음으로 분모가 4인 것을 썼다. 태 · 중 · 소와 구별하기 위해서이다. 역서에서 중반은 $\frac{1}{2}$이고 소반은 $\frac{1}{4}$이고 태반은 $\frac{3}{4}$이다. 10푼의 반은

5이고, 소는 2.5이고, 태는 7.5이다. 또 1푼 강은 1푼 외에 나머지가 있고, 1푼 약은 1푼이 못된다. 모두 같은 방법으로 말한다.〕

〔此乃刻漏之數 以巧呼之 卽明異名訣也〕

中半〔二分之一〕 少半〔三分之一〕 太半〔三分之二○以上中太少三半古人多用之〕 弱半〔四分之一 曆法亦曰少〕 强半〔四分之三 曆法亦曰太〕

〔此太中少半皆以三爲母乃古法也 如漢書周禮等注皆用其法 曆書用四母法以別太中少○曆書中半二分之一 少半四分之一 太半四分之三 如十分則半五少二五 太七五也 又如一分强一分外 又有餘也 一分弱未成一分也 皆就近而稱之耳〕

6 구구합수와 구귀제법

〔6-1〕 구구합수(九九合數)

〔9수의 풀이이다. 〈산학계몽〉, 〈상명산법〉에 있다.〕

〔산학에서는 실과 법의 두 수가 있다. 실은 위에 있고 법은 아래에 있다. 실이 본 수이고, 법이란 곱하거나 나눔으로써 본 수를 변환시키고 경우에 따라서 이루어지는 것이다. 무릇 실은 근본이다. 법은 사용하는 것이다. 천하의 수는 이와 같은 것 이외의 것은 없다.〕

〔釋九數◯出啓蒙及詳明〕

〔算有實法二位 實上而法下 實本數也 法者以乘以除變換本數 隨遇以成者也 蓋實體也 法用也 天下之數未有外于此者〕

1×1=1　1×2=2　2×2=4　1×3=3　2×3=6　3×3=9
1×4=4　2×4=8　3×4=12　4×4=16　1×5=5　2×5=10
3×5=15　4×5=20　5×5=25　1×6=6　2×6=12　3×6=18
4×6=24　5×6=30　6×6=36　1×7=7　2×7=14　3×7=21
4×7=28　5×7=35　6×7=42　7×7=49　1×8=8　2×8=16
3×8=24　5×8=40　6×8=48　7×8=56　8×8=64
1×9=9　2×9=18　3×9=27　4×9=36　5×9=45
6×9=54　7×9=63　8×9=72　9×9=81[55]

〔이것은 한쪽 절반이다. 위의 한 글자를 거꾸로 생각하면 다른 한쪽 절반이다. 위의 한 글자를 거꾸로 생각한다는 것은 본문의 1 2를 2 1로 부르는 것과 같다. 나머지도 이와 같다.〕

지금까지 한 것은 작은 것으로 큰 것을 불렀다.[56] 〔10을 말하면 한 자리 올려놓고 10이 안되면 그대로 둔다. 이것이 바로 인법[57]이다.〕

一一如一　一二如二　二二如四　一三如三　二三如六　三三如九
一四如四　二四如八　三四一十二　四四一十六　一五如五　二五一十
三五一十五　四五二十　五五二十五　一六如六　二六一十二　三六一十八

---

55) 4×8=32가 빠져있다.

56) 옛날 사람들은 구구단을 큰 소리로 외우면서 계산하였다. 이것을 '구구수를 부른다'고 한다.

57) 승수가 한 자리 수인 곱셈법을 말한다.

四六二十四　五六三十　六六三十六　一七如七　二七一十四　三七二十一
四七二十八　五七三十五　六七四十二　七七四十九　一八如八
二八一十六　三八二十四　四八三十二　五八四十　六八四十八
七八五十六　八八六十四　一九如九　二九一十八　三九二十七
四九三十六　五九四十五　六九五十四　七九六十三　八九七十二
九九八十一　〔此止一半　倒念上一字又一半也◯倒念上一字如本文一二呼二一也 餘倣此〕
右以少呼多〔言十過位置　未滿十自當　此卽因法〕

〔6-2〕 구귀제법(九歸除法)

〔옛날 법에 상제[58]를 많이 썼으나 처음 배울 때 알기 어려워 후세 사람들이 이 법으로 대신하였다. 즉 정식 방법이 아니다. 〈사찰미산경〉에 귀법이 있고, '귀'는 이미 들어 있는 수이다.〕

〔古法多用商除爲初學難入　則後人以此法代之　卽非正術也[59]◯謝察微算經有歸法 歸已入之數也〕

1귀

1귀는 1진이요 1을 보면 10이 된다. 〔귀수가 10이 된다.〕

2귀

2·1은 5이고, 2를 만나 10이 된다. 〔반, 즉 5가 된다.〕

3귀

3·1은 31이고, 3·2는 62이고, 3을 만나 10이 된다. 〔나눈 다음 나머지는 자기를 위에 더한 것이다.〕[60]

4귀

4·1은 22이고, 4·2는 5이고, 4·3은 72이고, 4를 만나 10이 된다.

---

58) 나눗셈을 의미한다.

59) <산학계몽>에 있는 말이다. 다만 원래 '初學' 뒤에 '者'자가 있다. 이와 같이 <산학계몽>의 문장 및 문제를 옮겨 적을 때 그 뜻을 유지하되 글자를 빼거나 더하거나 다른 용어를 사용하는 사례가 다수 발견된다. 물론 [21-6]과 같이 잘못 옮겨 적은 경우도 있다.

60) 나머지가 피제수와 같음을 뜻한다.

5귀[5귀는 1배를 더한다.][61]
5·1은 배로 2이고, 5·2는 배로 4이고, 5·3은 배로 6이고, 5·4는 배로 8이고, 5를 만나 10이 된다.
6귀
6·1은 아래 4를 더하고, 6·2는 32이다.
6·3은 5이고, 6·4는 64이다.
6·5는 82이고, 6을 만나 10이 된다.
7귀
7·1은 아래 3을 더하고, 7·2는 아래 6을 더한다.
7·3은 42이고, 7·4는 55이다.
7·5는 71이고, 7·6은 84이고, 7을 만나 10이다.
8귀
8·1은 아래 2를 더하고, 8·2는 아래 4를 더한다.
8·3은 아래 6을 더하고, 8·4는 5이다.
8·5는 62이고, 8·6은 74이다.
8·7은 86이고, 8을 만나 10이 된다.
9귀[9귀는 자기가 아래에 따른다.][62]
9·1은 아래 1을 더하고, 9·2는 아래 2를 더하고, 9·3은 아래 3을 더하고, 9·4는 아래 4를 더하고, 9·5는 아래 5를 더하고, 9·6은 아래 6을 더하고, 9·7은 아래 7을 더하고, 9·8은 아래 8을 더하고, 9를 만나 10이 된다.
여기서 큰 수에서 작은 수를 불렀다.
一歸
一歸如一進 見一進成十 [歸數求成十也]
二歸
二一添作五 逢二進成十 [半而爲五計也]
三歸
三一三十一 三二六十二 逢三進成十 [歸餘自上加之]
四歸
四一二十二 四二添作五 四三七十二 逢四進成十

61) 몫이 피제수의 2배임을 뜻한다.
62) 9로 나눌 때의 몫은 피제수와 같음을 뜻한다.

五歸〔五歸添一倍〕
五一倍作二　五二倍作四　五三倍作六　五四倍作八　逢五進成十
六歸
六一下加四 六二三十二 六三添作五 六四六十四 六五八十二 逢六進成十
七歸
七一下加三　七二下加六　七三四十二　七四五十五　七五七十一　七六八十四
逢七進成十
八歸
八一下加二　八二下加四　八三下加六　八四添作五　八五六十二　八六七十四
八七八十六 逢八進成十
九歸〔九歸隨身下〕
九一下加一　九二下加二　九三下加三　九四下加四　九五下加五　九六下加六
九七下加七 九八下加八 逢九進成十
右以多呼少

☞ 역자 주: 제법인 구귀법 및 귀제법을 이용할 때 알아야 하는 기본산을 노래로 만들어 외워 부른 것이다. 주세걸은 상제법에 기초한 고전적인 나눗셈 방법이 초보자에게 어려워 정법이 아닌 구귀법으로 대치한다고 하였다. 이 방법은 위 노래만 외우고 있으면 그대로 따라 할 수 있는 알고리즘인 것이다. 물론 노래를 잊었다해도 위 노래의 원리는 어렵지 않으므로 재생할 수 있다. 즉 구귀구결의 첫째 숫자는 한 자리 수인 제수이고 다음 숫자는 피제수의 각 자리 수이다. 구결 생성의 기본 원리는 예컨대 육오팔십이(6·5는 82)는 50÷6의 몫 8과 나머지 2를 나타낸다. 이 원리를 고려하면 구결에 등장하는 몇 개의 용어의 뜻을 다음과 같이 정리할 수 있다.

이일<u>첨작오</u> - 피제수의 해당 자리수를 5로 치환(10÷2의 몫이 5)
삼일<u>삼십일</u> - 피제수의 해당 자리수를 3으로 치환하고 그 아랫자리에 1을 더한다.
봉사<u>진성십</u> - 피제수의 해당 자릿수가 제수보다 클 때 제수만큼이 윗자리로 받아올림되는 것(4÷4는 피제수 4의 앞자리에 1을 더한다.)
오일<u>배작이</u> - 피제수의 해당 자릿수를 2배한 것으로 치환
육일<u>하가사</u> - 피제수의 해당 자릿수는 그냥 두고 아랫자리에 4를 더한다.

구귀법의 예를 통해 위 구결이 어떻게 이용되는 것인지 알아보자. 구귀법은 피

제수만 놓고 시작하여 위의 구결을 이용하여 피제수를 변형시켜 나가는 과정으로 과정의 마지막 결과 수가 곧 몫이 된다. 일격산인 것이다. 예컨대 174÷6을 해보자.

1단계: 피제수 174를 늘어놓고 윗자리부터 셈을 시작한다. 6으로 1을 나누어야 하므로 구결 '육일하가사(6·1은 아래에 4를 더함)'에 따라 아래 7에 4를 더하여 1(11)4인데 11중 6만큼이 구결 '봉육진성십(6을 만나면 10이 된다.)'에 의해 받아올림되어 254이다.

2단계: 254에서 6으로 5를 나누어야 하므로 구결 '육오팔십이(6·5는 82)'에 따라 5를 8로 대치하고 아래 4에 2를 더한다. 따라서 286이다.

3단계: 마지막으로 286에서 6을 6으로 나누어야 하므로 구결 '봉육진성십(6을 만나면 10이 된다.)'에 따라 받아올림하여 29가 되고, 이것이 구하는 몫이다.

위의 단계대로 산대 변형을 나열하면 다음과 같다:

174→1(11)4→254→286→29

〔6-2-1〕 당귀법(撞歸法)

〔5귀에서와 같이 5를 보면, 즉 5로 나눌 때 나누어 얻지 못하면 이것이 9·5가 된다는 것, 또 법과 실이 9와 10으로 서로 멈추어 있을 때 나머지라는 것은 법의 머리 수와 실의 머리 수가 같고 다음 자리에 나눌 수 있는 수가 없을 때 실수를 9로 만들어, 다음 자리에 비하여 한 자리 앞서 있다. 따라서 9·10이라고 말한다. 다음 자리는 1에서 9까지 이르므로 나머지이다.〕

1을 보고 나눌 수 없으면 9·1을 만든다.
2를 보고 나눌 수 없으면 9·2를 만든다.
3을 보고 나눌 수 없으면 9·3을 만든다.
4를 보고 나눌 수 없으면 9·4를 만든다.
5를 보고 나눌 수 없으면 9·5를 만든다.
6을 보고 나눌 수 없으면 9·6을 만든다.
7을 보고 나눌 수 없으면 9·7을 만든다.
8을 보고 나눌 수 없으면 9·8을 만든다.
9를 보고 나눌 수 없으면 9·9를 만든다.

〔이것이 바로 이른바, 혹시 본귀를 만나도 귀수를 얻지 못할 때 당귀의 법이다. 늦게 가르치지 말지어다. 단 제하지 못하는 경우이면 수의 머리 자리로 돌아간다.〕
〔如五歸 見五卽五歸歸不得無除 作九五者 及法實相停九十餘者法首實首之數相等 而次位無可除者 則變實數作九 而比次位爲進一位 故曰九十 次位則自一至九故曰餘也〕
見一無除作九一 見二無除作九二 見三無除作九三 見四無除作九四 見五無除作九五 見六無除作九六 見七無除作九七 見八無除作九八 見九無除作九九 〔此卽所謂或遇本歸歸不得 撞歸之法 莫教遲者及 但遇無除還頭位者〕

〔6-2-2〕 기일법(起一法)
〔5귀에서와 같이 4를 보고 나눌 수 없을 때 바로 5·4는 2배하여 8이다. 도리어 1을 세워 아랫자리로 5를 보낸다. 제수가 작으면 다시 이와 같이 한다.〕
귀수가 있으나 만약 제수가 없으면 1을 보내어 장차 원래 수로 돌려서 한다. 〔즉 다만 제하지 못할 때 머리 자리로 돌아간다.〕
〔如五歸 見四無除則五四倍作八 卻起一於下位還五以除數少 又倣上〕
有歸若是無除數 起一回將元數施 〔卽但遇無除還頭位者〕

☞ 역자 주: 제수가 일반적인 경우의 나눗셈인 귀제법은 이격산으로 다음과 같이 두 행의 산대가 변형하여 몫을 얻는 것이다.

피제수(실)	→	몫/나머지
제수(법)		제수

이 과정에서 부수적으로 당귀법과 기일법이 이용되곤 한다. 예컨대 3456÷35에서 피제수의 3, 4와 제수의 3, 5와 같이 가장 큰 자리의 수는 같고 그 다음 자리 수는 제수가 더 커서 나눌 수 없을 때 적용하는 것이 당귀법이다. 한편 뺄 수가 없어 피제수의 윗자리에 있는 1을 아랫자리로 그 자리 수를 보내는 것을 기일법이라 한다. 경선징의 <묵사집산법>에 나오는 3456÷35을 귀제법으로 푸는 계산 과정을 통해 그 자세한 내용을 알아보자.

3456	3을 보고 나눌 수 없으면 9·3을 만든다.(**당귀법**)	3000+456
35	(즉 3을 9로 바꾸고 3을 4에 더한다.)	=30×90+300+456

↓		$=30\times90+756$
9756	제수의 일의 자리인 5와 몫 9의 곱 45를	$=30\times90+5\times90+306$
35	75에서 뺀다	$=35\times90+306$
↓		
9306	법을 내리고 3을 보고 나눌 수 없으면	$=35\times90+300+6$
35	9·3을 만든다.(**당귀법**)	$=35\times90+30\times9+36$
↓		
9936	제수의 일의 자리 5와 몫 9의 곱 45를	
35	36에서 뺄 수 없으므로 9의 1을 세워 아랫	$=35\times90+30\times8+66$
	자리에 3을 보낸다.(**기일법**)	
↓		
9866	제수의 일의 자리 5와 몫 8을 곱한 40을	$=35\times90+30\times8+5\times8+26$
35	66에서 뺀다.	$=35\times90+35\times8+26$
↓		
9826	몫은 98이고 나머지는 26이다.	$=35\times98+26$
35		

7 승제견총(乘除見總)

승법인 단위 또는 취신가 또는 유두승, 이 세 가지는 모두 곱하는 것이다. 자리 수에 따라서 그 이름이 다를 뿐이다. 산대로 셈할 때 모두 아래로부터 시작한다. 역시 위에서 시작하는 것도 있으니, 바로 개방법이다. 승법을 이용할 때 착오하기 쉬우므로 오직 법의 사용은 아래에서 위로 하는 것으로 한다. 곱셈은 아래에서 위로 곱하고, 나눗셈은 위에서 아래로 나눈다. 10을 말하면 몸을 떠밀린다는 말은 0의 자리[63]에서 서로 크게 소리쳐서(불러서)[64] 5·5는 25, 즉 20은 몸을 떠밀리고[65], 5는 다음 자리이다. 〈주례〉에 따르면, 곱하는 것은 재물을 쓸 때 들어오고 나간 것을 적고 계산하는 것과 같다.

〔乘法 或單位或就身加或留頭乘三者皆乘也 隨位數異其名耳 布算皆從下起 亦有從上起者 乃開方之法 用之亦可大場中郤能誤人 故止依法用自下而上○乘從下乘上 除從上除下○言十挨身言 零隔位如喝(呼也) 五五二十五 則二十挨身 五爲隔位○周禮乘其財用之出入註乘猶計也〕

〔7-1〕

대수[66]에 대수를 곱하면 더욱 더하여지고
소수에 소수를 곱하면 더욱 감하여지네.
대수가 소수보다 크면 감하여 대수가 되고[67]
소수가 대수보다 크면 감하여 소수가 되네.[68]
大乘大者併存添 小乘小者併存減
大多小者減爲大 小多大者減爲小

---

63) 1의 자리를 말한다.
64) 구구단을 큰 소리로 외우면서 셈한다는 뜻이다.
65) 1의 자리에서 10의 자리로 떠밀렸다는 뜻이다.
66) 승제법에서의 대수와 소수는 각각 1보다 큰 수와 작은 수를 말한다. 또는 본문에서 '말(斗)'과 '되(升)'와 같이 단위가 다른 상대적인 두 수이다. 즉 말과 되에서 말 수가 대수이고 되 수가 소수이다.
67) 예컨대 6말과 5되에서 6(말: 대수)이 5(되: 소수)보다 크므로 빼면 1말(대수)이 된다는 설명으로 보인다.
68) 예컨대 4말과 5되에서 5(되: 소수)가 4(말: 대수)보다 크므로 빼면 1되(소수)가 된다는 설명으로 보인다.

〔7-2〕
대수로 대수를 나눈다. 〔실이 크고 법이 작으면 감하여 대수가 되고, 법이 크고 실이 작으면 감하여 소수가 된다.〕
소수로 소수를 나눈다. 〔실이 크고 법이 작으면 감하여 소수가 되고, 법이 크고 실이 작으면 감하여 대수가 된다.〕
대수로 소수를 나눈다. 〔대수로 소수를 나누면 더하여 소수가 된다.〕
소수로 대수를 나눈다. 〔소수로 대수를 나누면 더하여 대수가 된다.〕
〔곱할 때 본래 자리에 다시 1을 더한다. 이 것은 대수이다. 만약 소수이면 1을 감한다. 나눌 때 나누어지지 않고 도리어 1을 감한다. 이것은 대수이다. 만약 소수이면 도리어 1을 더한다.〕
大除大數〔實多法少減爲大 法多實少減爲小〕
小除小數〔實多法少減爲小 法多實少減爲大〕
大除小數〔大除小者倂爲小〕
小除大數〔小除大者倂爲大〕
〔乘者存身更添一 是大數也 若爲小者卻減一 除則不滿卻減一 是大數也 若爲小者卻添一〕

〔7-3〕
대수에 대수를 곱한다. 〔서로 더한다. 본래 자리에 하나 더한다.69)〕
〔5말에 5말을 곱하면 25말이 되는 것과 같다. 8말에 7말 5되를 곱하면 60말이 되는 것과 같다.〕
大數乘大數〔相倂存身添一〕
〔如以五斗乘五斗爲二十五斗○如以八斗乘七斗五升爲六十斗〕

〔7-4〕
소수에 소수를 곱한다. 〔서로 더한다. 본래 자리에서 하나 감한다.〕
〔5되에 5되를 곱하면 2되 5홉이 되는 것과 같다. 8되에 7되 5홉을 곱하면 6되가 되는 것과 같다. 5전에 5전을 곱하면 2전 5푼이 되는 것과 같다. 2치에 6치를 곱하면 1치 2푼이 되는 것과 같다. 1치에 2치를 곱하면 2푼이 되는 것과 같다. 무릇 소수를 서로 곱하면 스스로 물러나

69) 본래 자리에 하나 더하거나 감한다는 것은 한 자리 나아가거나 물러서는 것을 뜻한다.

는 이치는 반드시 대수 아래 속하여 있는 소수라 생각하는 것이 분명하다. 여기서 소수가 속해있는 대수를 살펴본 즉 그 소수들은 모두 한 자리 물러나 있다. 만약 소수가 대수의 아래 속해있지 않다면 이 예에 들어 있지 않다. 요컨대 학자들이 널리 헤아려 이것을 스스로 알아차리는데 있다.]

小數乘小數〔相併 存身減一〕

〔如以五升乘五升爲二升五合○如以八升乘七升五合爲六升○如以五錢乘五錢爲二錢五分○如以二寸乘六寸爲一寸二分○如以一寸乘二寸爲二分○凡小數相乘自退之理 必以大數下所屬小數者推之甚明也 蓋以小數之屬乎大數者究之 則其小數者悉自退一位也 若小數不屬乎大數之下者則不在此例 要在學者旁會而嘿通之〕

〔7-5〕

대수에 소수를 곱한다. 〔서로 감한다. 한 자리 나아간다. 대수가 소수보다 크면 서로 감하여 나머지는 대수가 된다. 본래 자리에 1을 더하면 이것은 한 자리 나아가는 것이다.〕〔5말에 5되를 곱하면 2말 5되가 되는 것과 같다. 또 6말에 5되를 곱하면 3말이 되는 것과 같다.〕

大數乘小數〔相減 存身上進一位○如大數多小數相減餘爲大數也 存身添一是上進一位也〕

〔如以五斗乘五升爲二斗五升 又如以六斗乘五升爲三斗〕

〔7-6〕

소수에 대수를 곱한다. 〔서로 감한다. 한 자리 나아간다. 소수가 대수보다 크면 서로 감하여 나머지는 소수이다. 본래 자리에서 1을 감하면 이것은 한 자리 나아가는 것이다.〕

〔5되에 5말을 곱하면 2말 5되가 되는 것과 같다. 또 6되에 5말을 곱하면 3말이 되는 것과 같다. 또 8되[70]에 1말 2되 8홉을 곱하면 1말 2홉 4작이 되는 것과 같다.〕

小數乘大數〔相減 存身上進一位○如小數多大數相減餘爲小數也 存身減一是上進一位也〕

〔如以五升乘五斗爲二斗五升○又如六升乘五斗爲三斗○又如八斗[71]乘一斗

70) 본문에는 8말이라고 되어 있지만 8되로 고쳐야 옳다.

二升八合爲一斗空空二合四勺]

〔7-7〕

대수로 대수를 나눈다. 〔서로 감한다. 법에 미치지 못하는 나머지는 한 자리 물러선다. 실이 크고 법이 작은 경우에 서로 감한 나머지는 대수가 된다. 법에 미치지 못한 나머지는 1을 감하고 이것은 한 자리 아래 물러서는 것이다. 법이 크고 실이 작은 경우에 서로 감한 나머지는 소수이다. 법에 미치지 못한 나머지는 1을 더하고 이것은 한 자리 아래로 물러서는 것이다.〕

〔5말로 5말을 나누면 1말이 되는 것과 같다. 7말로 21말을 나누면 3말이 되는 것과 같다. 또 5말로 6말을 나누면 1말 2되가 되는 것과 같다. 또 6말로 8말을 나누면 1말 3되하고 나머지가 있다. 6말로 5말을 나누면 8되 3홉이고 나머지가 있다. 8말로 6말을 나누면 7되 5홉이 되는 것과 같다.〕

大數除大數 〔相減 不滿法下退一位○如實多法少相減餘爲大數也 不滿法減一 是下退一位也 如法多實少相減餘爲小數也 不滿法添一 是下退一位也〕

〔如以五斗除五斗爲一斗○如以七斗除二十一斗爲三斗○又如以五斗除六斗爲一斗二升○又如以六斗除八斗爲一斗三升零　以六斗除五斗爲八升三合零 以八斗除六斗爲七升五合〕

〔7-8〕

소수로 소수를 나눈다. 〔서로 감한다. 법에 미치지 못한 나머지는 한 자리 물린다. 실이 크고 법이 작으면 서로 감한 나머지는 소수가 된다. 법에 미치지 못한 나머지는 1을 더하고 이것은 한 자리 물러서는 것이다. 법이 크고 실이 작으면 서로 감한 나머지는 대수이다. 법에 미치지 못한 나머지는 1을 감하고 이것은 한 자리 물러서는 것이다.〕

〔5되로 5되를 나누면 1말이 되는 것과 같다. 다시 5되로 6되를 나누면 1말 2되가 되는 것과 같다. 6되로 5되를 나누면 8되 3홉이 되고 나머지가 있다. 4되로 8되를 나누면 2말이 되는 것과 같다. 또 6되로 8되를 나누면 1말 3되하고 나머지가 있다. 8되로 6되를 나누면 7되 5홉이다.〕

---

71) 八升으로 고쳐야 한다.

小數除小數〔相減 不滿法下退一位◯如實多法少相減餘爲小數也 不滿法添一是下退一位也 如法多實少相減餘爲大數也 不滿法減一 是下退一位也〕
〔如以五升除五升爲一斗◯又如以五升除六升爲一斗二升 以六升除五升爲八升三合零◯如以四升除八升爲二斗◯又如以六升除八升爲一斗三升零 以八升除六升爲七升五合〕

〔7-9〕
대수로 소수를 나눈다.〔서로 더한다. 나머지는 소수이다. 법에 미치지 못한 나머지는 1을 더하여 한 자리 물러선다.〕
〔5말로 5되를 나누면 1되가 되는 것과 같다. 또 8말로 6되를 나누면 7홉 5작이 되는 것과 같다.〕
大數除小數〔相倂 餘爲小數也 不滿法添一下退一位〕
〔如以五斗除五升爲一升◯又如以八斗除六升爲七合五勺〕

〔7-10〕
소수로 대수를 나눈다.〔서로 더한다. 나머지는 대수가 된다. 법에 미치지 못한 나머지는 1을 감하고 한 자리 물러선다.〕
〔5되로 5말을 나누면 10말이 되는 것과 같다. 6되로 8말을 나누면 13말하고 나머지가 있다. 8되로 1말 2홉 4작을 나누면 1말 2되 8홉이 되는 것과 같다.〕
小數除大數〔相倂 餘爲大數也 不滿法減一下退一位〕
〔如以五升除五斗爲一十斗◯如以六升除八斗爲一十三斗零◯如以八升除一斗空空二合四勺爲一斗二升八合〕

〔7-11〕
대수가 대수를 보면 이름이 같다.〔소수가 소수를 볼 때도 같다.〕소수가 대수를 보면 이름이 다르다.〔대수가 소수를 볼 때도 같다.〕[72]
〔곱할 때 이름이 같으면 서로 더하고 이름이 다르면 도리어 감한다. 곱할 때 본래 자리에 다시 1을 더하면 소수가 되고 도리어 여기에 반한다. 나눌 때 이름이 같으면 서로 감하고 이름이 다르면 도리어 더한다.

72) 곱셈과 나눗셈에서 실과 법이 모두 대수이거나 모두 소수이면 이름이 같다(동명) 하고, 하나는 대수이고 다른 하나는 소수이면 이름이 다르다(이명)고 한다.

나눌 때 나머지는 도리어 1을 감하면 소수가 되고 역시 이에 반한다.]
大數見大數爲同名 〔小見小同〕 小數見大數爲異名 〔大見小同〕
〔乘者同名相倂 異名卻減 乘者存身更添一 爲小卻反之
除者同名相減 異名卻加 除則不滿卻減一 爲小亦反之〕

〔7-12〕

곱하거나 나누는 것은 돈이나 식량에서 볼 수 있다. 섬에 1을 더하고 빼는 것은 허수이다. 그 나머지 모든 물건이 모두 허수는 없다. 10에 1, 100에 2의 수이다. 〔수 안에서 서로 나누어 1에 미치지 못한 것이 대수이면 도리어 소수가 되고, 소수이면 도리어 대수가 된다. 대수와 소수를 서로 빼서 만약 0이 되면 모두 대수가 된다. 대수로 소수를 나누면 더하여 소수가 되고 소수로 대수를 나누면 더하여 대수가 된다. 곱하거나 나누거나 반드시 행수를 알아야 한다. 중간에 한 자리, 두 자리, 세 자리가 떨어져 있을 경우, 만일 한 자리 차가 있으면 10은 100이 되고 100은 1000이 된다. (자리 수가 떨어진 것은 빈 자리이다.) 계산할 때 가로를 열이라 하고 세로를 행이라 한다.[73] 왼쪽에서 오른쪽으로 가는 것을 물러난다고 하고 오른쪽에서 왼쪽으로 가는 것을 나아간다고 한다. 그의 왼쪽 오른쪽은 바로 열이다. (열이란 위를 말하고 행이란 경을 말한다.) 산학뿐만 아니라 다른 곳에서도 모두 같다. 우리 나라의 풍속에서 1냥을 10목으로 나누고 1목을 10도로 나누고 또 1작을 10목으로 나누고 1목을 10리로 나눈다. 그 냥 아래 목, 도의 설명이 〈고려사〉에 보이나 그 작 아래 목, 리의 설명은 지금의 관리들의 계산 문서에 있다.]

或乘或除見錢倂糧 石內加減一虛數 其餘諸物皆無虛數 倂依十一百二之數也 〔如數內相除不及者 大卻以爲小 小卻以爲大◯凡大小數相減若空者 皆爲大數◯大除小者倂爲小 小除大者倂爲大◯乘除須記行數 如中間有隔一位二位三位者 若差一位則以十爲百 以百爲千矣 (隔位者卽空位也) ◯凡算位橫曰列 縱曰行 自左至右爲退 自右至左爲進 其左右則列也 (列者緯 行者經也) 非獨算他亦皆然◯我國俗間一兩分十目 一目分十刀 又一勺分十目 一目分十厘 其兩下目刀之說見麗史 其勺下目厘之說今吏胥文算有之〕

---

73) 오늘날의 행·열과 정반대이다. 예컨대 방정술에서 산대 배열의 세로를 行이라 일컫는다.

〔7-13〕
섬과 말에서 말은 위에서 대수가 되고 아래에서 소수가 된다.
근과 냥에서 근은 위에서 대수가 되고 아래에서 소수가 된다.
전과 초에서 전은 위에서 대수가 되고 아래에서 소수가 된다.
푼의 수에서 푼은 위에서 대수가 되고 아래에서 소수가 된다.
개에서 개는 위에서 대수가 되고 아래에서 소수가 된다.
石斗內 斗上爲大數下爲小數
斤兩內 斤上爲大數下爲小數
錢鈔內 錢上爲大數下爲小數
分數內 分上爲大數下爲小數
箇內 箇上爲大數下爲小數

〔7-14〕
십은 한 자리 가고　　백은 두 자리 가고
천은 세 자리 가고　　만은 네 자리 가고
십만은 다섯 자리 가고　　백만은 여섯 자리 가고
천만은 일곱 자리 가고　　만만은 여덟 자리 간다.
〔이하 세 가지는 바로 이보법[74]이다.〕

푼은 한 자리 가고　　리는 두 자리 가고
호는 세 자리 가고　　사는 네 자리 가고
홀은 다섯 자리 가고　　미는 여섯 자리 가고
섬은 일곱 자리 가고　　사는 여덟 자리 간다.

되는 한 자리 가고　　홉은 두 자리 가고
작은 세 자리 가고　　초는 네 자리 가고
촬은 다섯 자리 가고　　규는 여섯 자리 가고
속은 일곱 자리 가고　　립은 여덟 자리 간다.[75]

---

74) 자릿값이 옮겨지는 방법을 말한다.
75) 십, 백, …은 왼쪽으로 가므로 나아가는 것(진위)이고 푼, 리, … 또는 되, 홉, …은 오른쪽으로 가므로 물러나는 것(퇴위)이다.

十一　百二　千三　萬四　十萬五　百萬六 千萬七　萬萬八〔己下三條卽移步法〕

分一　厘二　毫三　絲四　忽五　微六　纖七　沙八

升一　合二　勺三　抄四　撮五　圭六　粟七　粒八

8 곱셈

〔8-1〕 인법(因法)

〔〈상명산법〉에 있다. 이하 모두 곱셈이다.〕

〔법산에서 2 이상의 한 자리 수를 계산할 때 이용한다. 끝자리 작은 수부터 계산을 시작한다. 구귀법으로 환원한다. 무릇 법산에서 승법과 제법을 논할 때 모두 첫째 자리 수부터 차차 계산해가서 한 번 지나가면 끝난다. 승법의 경우, 〈산학계몽〉에서는 위에서 시작하고 〈상명산법〉에서는 아래에서부터 시작한다. 그 방법이 서로 다르나 결과는 같다. 인법, 가법, 승법이 같지 않은 것 같지만 곱셈인 것에 있어서는 유사할 따름이다. 따라서 모두 통틀어서 곱셈이라고 한다.〕

이 법은 종래 위로 향한다. 〔첫째 자리 수는 왼쪽에 있다. 첫째 자리부터 시작한다.〕 다만 십이라고 말하면 그 몸을 넘는다. 〔실의 본신이다.〕 불러서 셈하여〔여기서 '여(如)'자는 여(與)이다. 아래도 같다.〕 그 자리에 마땅히 만든다. 셈을 알고 널리 보면 옳은 수를 안다. 〔〈산학계몽〉에 있는 글이다.〕

합한 수와 곱한 수를 모두 잘 기억하고 불러서 셈할 때〔여기서 '여(如)'자는 바로 구구단의 '1 1 如 1'의 '如'이다.〕 아랫자리부터〔아랫자리는 오른쪽이다. 대개 끝자리부터 시작한다.〕 먼저 한다. 그 몸의 수가 변하는 것은 계산에서 10을 구할 때 위에서부터 곱하여 10은 앞으로 나간다. 〔〈상명산법〉에 있는 글이다. 여기에서 말한 첫째 자리에서 시작한다는 것도 역시 말이 통한다. 윗 글에서는 본래 끝에서 시작하기 때문이다. 위에서도 역시 첫째 자리는 왼쪽이다.〕

〔詳明○以下皆乘〕

〔法算二以上單位算者用之　從末位小數算起用○九歸還元○凡法算上論乘除皆自首位次次退下曆周一遍則了矣○凡乘法啓蒙自上起　詳明自下起　其法雖異　其歸一也○凡因法加法乘法雖似不同　而爲乘則一也　故亦得通謂之乘〕

此法從來向上〔首左也　自首位起也〕因　但言十者過其身〔實之本身〕　呼如〔此如字與下同〕本位須當作　知算縱橫數目眞〔啓蒙〕

合數九因須熟記　呼如〔此如字卽一一如一之如〕　下位〔下位次右也　蓋自末位起也〕算爲先變其身數呼求十　從上因之十進前〔詳明○此一句言自首起亦通

蓋上文本主自末起故也 上亦首左也]

〔8-1-1〕 지금 쌀 278섬 6말이 있다. 한 섬의 값이 2냥이면 모두 얼마인가?〔〈상명산법〉에 있는 문제이다.〕
今有米二百七十八石六斗 每石價鈔二兩 問該鈔幾何 〔詳明〕

답: 557냥 2전 〔종횡인법으로 한다. 쌀의 수량을 실로 하고 한 섬의 값을 법으로 한다.〕
答曰五百五十七兩二錢 〔縱橫因法○米數爲實 石價爲法〕

6말 2·6 12 〔본신 6이 변하여 10이 되고
다시 아랫자리에 2를 놓는다.〕
8섬 2·8 16 〔본신 8이 10이 되고
다시 아랫자리에 6을 놓는다.〕
70 2·7 14 〔본신 70이 10이 되고
다시 아랫자리에 4를 더한다.〕
200 2·2 4 〔본신 2가 아랫자리로 물러서 4를 놓는다.〕

六斗 0.6 二六一十二 〔變本身六作一十更於下位下二〕
八石 8 二八一十六 〔變本身八作一十更於下位下六〕
七十 70 二七一十四 〔變本身七十作一十更於下位加四〕
二百 200 二二如四 〔退了本身二數於下位下四〕

☞ 역자 주: 승수가 한 자리 수일 때의 곱셈법을 인법이라 하며, 278.6×2의 계산 과정은 다음과 같다. <묵사집산법>에서는 윗자리부터 곱하지만 여기서는 아랫자리부터 곱한다.

1단계 278.6 6×2=12이므로 6을 1로 바꾸고 아래에 2를 더한다.
2단계 278.12 8×2=16이므로 8을 1로 바꾸고 아래에 6을 더한다.
3단계 271.72 7×2=14이므로 7을 1로 바꾸고 아래에 4를 더한다.
4단계 215.72 2×2=4이므로 2를 0으로 바꾸고(즉 없어짐) 아래에 4를 더한다.
55.72

위의 계산 과정은 각 자리의 곱한 결과를 한 자리 아래에 적는 것이다. 이는 아직 곱하지 않은 윗자리에 변화를 주지 않기 위한 것으로 보인다. 한 자리씩 아래로 써서 얻은 마지막 결과가 55.72이므로 구하는 곱은 한 자리 올린 557.2이다.

〔8-2〕 가법(加法)[76]

〔〈상명산법〉에 있다.〕

〔법산에서 십, 백, 천, 만과 같은 유형이다. 단 첫째 자리가 1일 때 이 방법을 이용한다. 먼저 끝자리 작은 수부터 계산을 시작한다. 정신제(定身除)를 써서 환원한다.[77] 양휘가 말하기를, 가법은 수를 낳는 것이다. 감법은 그 수를 제거하는 것이다. 가법이 있으면 감법이 있다. 또 말하기를 법의 첫째 자리 1을 따라 더하게 되고 빼게 된다. 수 1은 변하지 않기 때문이다. 더한다는 것은 본신을 1로 하고 이 외의 것을 첨가하는 것이다. 물건의 수를 놓고 한 근의 값을 더할 때는 첫째 자리의 1은 이용하지 않고 만일 1냥 1전이면 다만 가1한다[78]. 1냥 2전이면 가2한다. 나머지도 이와 같다.〕

〔詳明〕

〔法算一十一百一千一萬之類 但首位一者用此法 先從末位小數算起 用定身除還元◯楊輝曰加法乃生數也 減法乃去其數也 有加則有減 又曰法首從一者爲加爲減◯一數不變故也◯加者以本身爲一卻於一之外加添也 置都物數 以斤價加之 然斤價不用首位之一 如一兩一錢 則只以一錢加之 一兩二錢 則只以二錢加之也 餘倣此〕

계산 중에서 가법이 가장 뽐낼 만하다.
십이라고 말할 때 그 자리에 더한다. 〔실의 본 자리, 즉 본신이다.〕
자기 자신의 수와 아래 수를 불러 셈할 때〔실의 본신은 몸이라 말하여도 모두 같다.〕
당신이 법식을 좇아서 한다면 틀림없다. 〔〈산학계몽〉에 있는 말이다.〕
算中加法最堪誇　言十之時就位加〔實之本位卽本身也〕
但遇呼如身下列〔實之本身凡言身皆同〕　君從法式定無差〔啓蒙〕

76) 승법의 한 종류인 신외가법을 말한다.
77) 정신제(신외감법)와 가법이 역연산임을 말한다.
78) 10+n을 곱하는 것을 '가n한다'고 한다. [11-6] 가법오술 참고.

가법에서 곱하는 것은 아랫자리부터 먼저 한다. 〔다음은 오른쪽이다. 본자리의 다음은 오른쪽이다. 끝자리부터 시작한다.〕
자릿수를 곱할 때 혹시 많다하여도
십은 본 자리에 있고 영은 다음 자리이다.
1을 제외한 나머지를 더하니 그 방법이 더욱 현묘하다. 〔〈상명산법〉에 있는 말이다.〕
加法因從下位先〔次右也 本位之次右也 蓋自末位起也〕 如因位數或多焉
十居本位零居次　一外添餘法更玄〔詳明〕

☞ 역자 주: 곱셈에서 승수의 첫째 자리 수가 1인 경우의 곱셈법으로 산서에서 흔히 신외가법이라 일컫는 것이다. 이때, 첫째 자리를 제외한 나머지 자리 수만을 아랫자리부터 곱하여 본신에 더한다. 예컨대 [8-2-1]의 268×1.1은 다음과 같이 계산한다.

$26\underline{8}$　8×1＝8을 8 아래 놓는다.
↓
$2\underline{6}88$　6×1＝6을 6 아래 더한다.
↓
$\underline{2}748$　2×1＝2를 2 아래 더한다.
↓
2948

〔8-2-1〕 지금 물건이 268근 있다. 한 근의 값이 1냥 1전이다. 물건 값은 모두 얼마인가? 〔한 자리 가법이다. 〈상명산법〉에 있다.〕
今有物二百六十八斤 每斤價鈔一兩一錢 問該鈔幾何 〔加一位○詳明〕

답: 294냥 8전〔신외가법으로 한다. 근의 수를 실로, 근의 값을 법으로 한다. 신외가법을 양휘는 '신후가'라고 하였다.〕
答曰二百九十四兩八錢 〔身外加法○斤數爲實 斤價爲法○身外加法楊輝云身後加〕

8근 1·8은 8을 더한다. 〔본신은 움직이지 않고
8을 한 자리 아래에 더한다.〕
60 1·6은 6을 더한다. 〔본신은 움직이지 않고
6을 한 자리 아래에 더한다.〕
200 1·2는 2를 더한다. 〔본신은 움직이지 않고
2를 한 자리 아래에 더한다.〕
八斤 8 一八加八 〔不動本身八數 但於下位加八〕
六十 60 一六加六 〔不動本身六數 但於下位加六〕
二百 200 一二加二 〔不動本身二數 但於下位加二〕

〔8-2-2〕 지금 돈 324냥 7전 5푼이 있다. 한 냥으로 비단 1자 8치 5푼을 산다면 모두 얼마를 사는가? 〔두 자리 가법이다. 〈상명산법〉에 있다.〕
今有鈔三百二十四兩七錢五分 每兩買羅一尺八寸五分 問幾何 〔加二位◯詳明〕

답: 60장 0자 7치 8푼 7리 5호
答曰六十空丈空尺七寸八分七厘五毫

5푼 〔5·5는 25를 아랫자리에 더한다,
5·8은 40을 본 자리에 더한다.〕
7전 〔7·5는 35를 아랫자리에 더한다,
7·8은 56을 본 자리에 더한다.〕
4냥 〔4·5는 20을 아랫자리에 더한다,
4·8은 32를 본 자리에 더한다.〕
20 〔2·5는 10을 아랫자리에 더한다,
2·8은 16을 본 자리에 더한다〕
300 〔3·5는 15를 아랫자리에 더한다,
3·8은 24를 본 자리에 더한다.〕
五分 0.05 〔五五加二十五於下位 五八加四十於本位〕
七錢 0.7 〔七五加三十五於下位 七八加五十六於本位〕

四兩　　4　　〔四五加二十於下位 四八加三十二於本位〕
二十　20　　〔二五加一十於下位 二八加一十六於本位〕
三百　300　〔三五加一十五於下位 三八加二十四於本位〕

☞ 역자 주: 1자 8치 5푼은 18.5치이므로 324.75×18.5를 계산하는 것이다. 역시 승수의 첫째 자리를 제외한 나머지 자리 수(8과 5)만을 아랫자리부터 곱하여 본신에 더한다.

32475 (5에 밑줄)　5×5＝25를 5 아래에 놓는다.(곱이 한 자리이면 한 칸 건너 씀)
185
↓
3247525 (셋째 5에 밑줄)　8×5＝40을 그 자리에 더한다.
185
↓
3247925 (7에 밑줄)　5×7＝35를 7 아래에 더한다.
185
↓
3248275 (8에 밑줄)　8×7＝56을 그 자리에 더한다.
185
↓
3253875 (둘째 5에 밑줄)　5×4＝20을 4 아래에 더한다.
185
↓
3255875 (둘째 5에 밑줄)　8×4＝32를 그 자리에 더한다.
185
↓
3287875 (2에 밑줄)　5×2＝10을 2 아래에 더한다.
185
↓
3297875 (2에 밑줄)　8×2＝16을 그 자리에 더한다.
185
↓
3457875 (3에 밑줄)　5×3＝15를 3 아래에 더한다.
185

↓
<u>3</u>607875　　8×3＝24를 그 자리에 더한다.
185
↓
6007875

〔8-2-3〕 지금 비단 246필이 있다. 한 필의 값이 12냥 7전 5푼이다. 모두 얼마인가? 〔세 자리 더한다. 〈상명산법〉에 있다.〕
今有羅二百四十六匹 每匹價鈔一十二兩七錢五分 問鈔幾何 〔加三位○詳明〕

답: 3136냥 5전
答曰三千一百三十六兩五錢

6필　〔5·6은 30을 셋째 자리에 더한다, 7·6은 42를 아랫자리에 더한다, 2·6은 12를 본 자리에 더한다.〕
40　〔5·4는 20을 셋째 자리에 더한다, 7·4는 28을 아랫자리에 더한다, 2·4는 8을 본 자리에 더한다. 여기서 본신이 움직이지 않는 아랫자리에 8을 더한다.〕
200　〔5·2는 10을 셋째 자리에 더한다, 7·2는 14를 아랫자리에 더한다, 2·2는 4를 본 자리에 더한다. 본신이 움직이지 않는 아랫자리에 4를 더한다.〕
六疋　6〔五六加三十於第三位 七六加四十二於下位 二六加一十二於本位〕
四十　40〔五四加二十於第三位 七四加二十八於下位 二四加八於本位○蓋不動本身只加八於下位也〕
二百　200 〔五二加一十於第三位 七二加一十四於下位 二二加四於本位○蓋不動本身只加四於下位也〕

☞ 역자 주: 246×12.75를 계산하는 것이다. 역시 승수의 첫째 자리를 제외한 나머지 자리의 수(2와 7과 5)만을 아랫자리부터 곱하여 본신에 더한다. 첫째 자리의 1을 제외한 자릿수가 3개이므로 더한 것을 본 자리 아래 셋째 자리까지 내려 쓰는 것이다. [8-2-1]이나 [8-2-2]와 마찬가지 원리이므로 축약하여 다음과 같이 나타낸다.

246 → 246 → 247650 → 247650 → 258650 → 258650 → 313650
1275　　30　1275　　20　1275　　10
　　　42　　　　　28　　　　　14
　　　12　　　　　08　　　　　04

〔8-3〕 승법(乘法)
〔〈상명산법〉에 있다.〕
〔법산에서 둘 이상의 많은 자리 수를 갖는 수에서 이 방법을 쓴다. 끝자리의 작은 수에서부터 계산을 시작한다. 귀제법을 이용하여 환원한다.〕
유두승법은 규모가 다르다. 셈하는 수는 먼저 다음 자리〔법의 다음 자리〕 수와 불러서 셈한다. 십을 말하면 몸〔실이다.〕을 기대어 자리를 옮긴다. 〔'여(如)'의 뜻은 앞에서와 같다.〕 첫째 자리에 이르면 몸은 부서져 퍼진다. 〔〈산학계몽〉에 있다.〕
〔詳明〕
〔法算二以上位數多者用此法 從末位小數算起 用歸除還元〕
留頭乘法別規模 起數[79]先從次位〔法算次位〕呼 言十靠身〔實也〕如〔義見上〕隔位 遍臨頭位破身鋪〔啓蒙〕

아래로 곱하는 방법이 바로 옳은 것이다. 자리 수는 먼저 두 번째〔즉 다음 자리이다.〕자리를 곱한다. 3, 4, 5 자리를 곱하여 끝나면 도리어 본래의 몸은 부서진다. 〔〈상명산법〉에 있다. 양휘가 말하기를 이하는 '손명하승'이라 하였다.〕
下乘之法此爲眞 位數先將第二〔卽次位也〕因 三四五來乘遍了 卻將本位破其身 〔詳明○楊輝曰以下損名下乘〕

〔8-3-1〕 지금 은 36냥 5전이 있다. 한 냥을 팔면 돈 2냥 5전이다. 모두 얼마인가? 〔두 자리를 곱한다. 〈상명산법〉에 있다.〕
今有銀三十六兩五錢 每兩賣鈔二兩五錢 問幾何 〔乘二位○詳明〕

79) 인용한 <산학계몽>에는 首라고 되어 있다.

답: 91냥 2전 5푼 〔유두승법으로 한다. 은의 수를 실로, 한 냥의 값을 법으로 한다.〕
答曰九十一兩二錢五分 〔留頭乘法 銀數爲實 兩價爲法〕

5전 〔5·5는 25를 아랫자리에 놓는다.
다음 본신이 변하여 2·5는 10이다.〕
6냥 〔5·6은 30을 아랫자리에 놓는다.
다음 본신이 변하여 2·6은 12이다.〕
30 〔3·5는 15를 아랫자리에 놓는다. 다음 본신이 변하여
2·3은 6이다. 3을 셈하여 6은 아랫자리에 놓는다.〕
五錢 0.5 〔五五下二十五於下位 次變本身作二五一十〕
六兩 6[80] 〔五六下三十於下位 次變本身作二六一十二〕
三十 30 〔三五下一十五於下位 次變本身作二三如六◯蓋起丁三數郤於下位下六〕

☞ 역자 주: 두 자리 이상의 수에 대한 일반적인 곱셈 방법을 설명한 것이다. 승수의 (머리 자리를 유보하고(留頭)) 둘째 자리부터 곱해나가는 산대의 변형은 365×25를 예로 들면 다음과 같다.

365 5×5＝25를 5 아래에 놓는다.(36525)
25 2×5＝10이므로 5 대신 1을 놓는다.
↓
36125 5×6＝30을 6 아래에 더한다.(36425)
25 2×6＝12이므로 6 대신 1을 놓고 2는 아래에 더한다.
↓
31625 5×3＝15를 3 아래에 더한다.(33125)
25 2×3＝6이므로 3 대신 0을 놓고 6은 아래에 더한다.
↓
_9125

80) 본문에서 6냥의 산대 그림이 잘못되어 있다. ⊥를 T로 바로 잡아야 한다.

〔8-3-2〕 한 냥의 값이 돈으로 2냥 4전 5푼이다. 〔세 자리를 곱한다. 〈상명산법〉에 있다.〕[81]

每兩價鈔二兩四錢五分 〔乘三位◯詳明〕

답: 89냥 4전 2푼 5리

答曰八十九兩四錢二分五厘

5전 〔4·5는 20을 둘째 자리에 놓는다. 5·5는 25를 셋째 자리에 놓는다. 다음 본신이 변하여 2·5는 10이다.〕

6냥 〔4·6은 24를 아랫자리에 놓는다. 5·6은 30을 셋째 자리에 놓는다. 다음 본신이 변하여 2·6은 12이다.〕

30 〔3·4는 12를 아랫자리에 놓는다. 3·5는 15를 셋째 자리에 놓는다. 다음 본신이 변하여 2·3은 6이다.〕

五錢 0.5 〔四五下二十於第二位 五五下二十五於第三位 次變本身作二五一十〕

六兩 6[82] 〔四六下二十四於下位 五六下三十於第三位 次變本身作二六一十二〕

三十 30 〔三四下一十二於下位 三五下一十於第三位 次變本身作二三如六〕

☞ 역자 주: 승수가 세 자리인 경우의 유두승법으로 다음과 같은 과정이다.

36<u>5</u>	4×5＝20을 5 아래에 놓는다.(36<u>5</u>20)
245	5×5＝25를 5 아래 아래에 놓는다.(36<u>5</u>225)
↓	2×5＝10이므로 5 대신 1을 놓는다.
3<u>6</u>1225	4×6＝24를 6 아래에 더한다.(3<u>6</u>3625)
245	5×6＝30을 6 아래 아래에 더한다.(3<u>6</u>3925)
↓	2×6＝12이므로 6 대신 1을 놓고 아래에 2를 더한다.
<u>3</u>15925	4×3＝12를 3 아래에 더한다.(<u>3</u>27925)
245	5×3＝15를 3 아래 아래에 더한다.(<u>3</u>29425)

81) 이 문제는 바로 앞 문제에서 조건 중 은 한 냥의 값을 바꾼 것이다.
82) 본문에서 6냥의 산대 그림이 역시 틀렸다. ⊤로 고쳐야 한다.

↓ 2×3＝6이므로 3 대신 0을 놓고 아래에 6을 더한다
_89425

〔8-4〕 영산(影算)

〔역시 다른 이름은 이보법이다. 역시 다른 이름은 보승이다. 여기에 나오는 원(原)은 〈산학계몽〉이나 〈상명산법〉에서 모두 실이라고 부르고 있다. '영칭법'은 여기의 실을 적이라 부른다. 다음의 여러 방법들은 여러 산학서 여기 저기에서 볼 수 있다. 또한 초보자들도 반드시 알아야 하기 때문에 지금 여기에서 택하여 설명하니 앞으로 사용함에 있어 편리하게 하기 위해서이다.〕

〔亦名移步法○亦名步乘○此之原啓蒙詳明併稱實 此之影稱法此之實稱積○已下諸術皆散見算學諸書 亦初學者不可不知 故今採而附見于此 以便日用之需〕

위에 원수(原數)를 놓는다. 〔원(原)은 또한 원(元)으로도 한다.〕 가운데 실수를 놓는다. 아래에 영수를 놓는다.83)
위에서 십을 보면 한 자리 가고 백을 보면 두 자리 가고 천을 보면 세 자리 가고 만을 보면 네 자리 가고 십만을 보면 다섯 자리 가고 백만을 보면 여섯 자리 간다.84)
上置原數〔原亦作元〕 中置實數 下置影數
上見十步之一 上見百步之二 上見千步之三
上見萬步之四 上見十萬步之五 上見百萬步之六

가령 길이가 85자이고 너비가 67자이면 넓이는 5695자이다.
상 원 　　8 5
중 실 5 6 9 5
하 영 　6 7
십을 보면 한 자리 나아가므로 영의 60은 마땅히 백의 자리에 있고 7

83) '원'은 피승수, '영'은 승수이고 그 곱은 '실'로서 원과 영 사이에 적는 삼격산이다.
84) 원의 자리 수에 따라 영을 위치시키는 자리를 뜻한다. 예컨대 원이 십의 자릿수이면 영을 한 자리 올려 놓는 것이다.

은 십의 자리에 있다. 60이 원의 80과 서로 불러서 6·8은 48하면 40은 마땅히 천의 자리에 오고 8은 마땅히 백의 자리이다. 또 7로서 원의 80과 서로 불러서 7·8은 56하면 50은 마땅히 백의 자리이고 6은 마땅히 십의 자리이다. 다음에 원의 80을 걷어치우고 쓰지 않으며 영은 한 자리 물러선다. 다시 원의 5와 서로 불러서 이와 같이 계산하면 실적은 5695자이다. 〔원의 첫째 자리가 십이면 영의 자리는 위로 한 자리 나아간다. 이와 같이 원이 1이고 영이 1이면 바로 둘은 마주 놓기 때문이다.〕

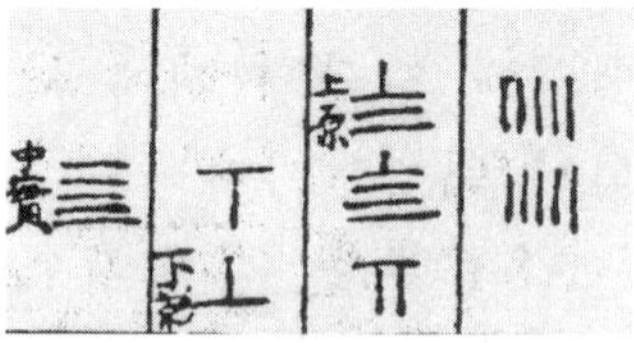

假如長八十五 廣六十七 積五千六百九十五尺 見十步一則影之六十當百位 七當十位 以六十呼原之八十 六八四十八 四十當千位 八當百位 又以呼原之八十 七八五十六 五十當百位 六當十位 次撤原之八十不用 影退一位 又與原之五相呼是 爲實積五千六百九十五尺 〔如原位首見十則影位上進一位 蓋原一影一則兩位對置故也〕

☞ 역자 주: <손자산경>과 <하후양산경>에 보이는 고전적인 곱셈 방법이다. 큰 자리부터 곱한다. 피승수의 십의 자리와 곱할 때 승수는 한 자리 나아가고, 백의 자리와 곱할 때는 두 자리 나아가서 놓고 계산하며, 물론 일의 자리와 곱할 때는 그대로 곱한다. 아래의 세 번째 단계에서 8을 지우고 67을 한 자리 물린다. 원의 5와 곱하기 위한 준비이다.

원	85		<u>8</u>5		<u>8</u>5		5		<u>5</u>		<u>5</u>
		→	48	→	536	→	536	→	566	→	5695
영	67		<u>6</u>7		6<u>7</u>		67		<u>6</u>7		6<u>7</u>

〔8-5〕 포지금(鋪地錦)[85)]

〔역시 다른 이름은 문산(文算)이다. 역시 다른 이름은 사산(斜算)이다. 역시 다른 이름은 사산(寫算)이다. 〈산법통종〉에 있다.〕

85) 적어도 12c 인도에서 사용된 겔로시아(Gelosia) 곱셈법이 중국, 아랍으로 전해진 것으로 알려져 있다.(Carl, B.B. & Uta, C. M.(1968), **수학의 역사**, 상, 양영오, 조윤동(역), 경문사)

〔亦名文算 亦名斜算 亦名寫算 出算法統宗〕

〔8-5-1〕 가령 길이 205자, 너비 23자, 넓이 4715자라고 하자.
먼저 우물 '정(井)'자와 같은 정사각형이 가로와 세로로 여러 개 있는 그림을 그린다.

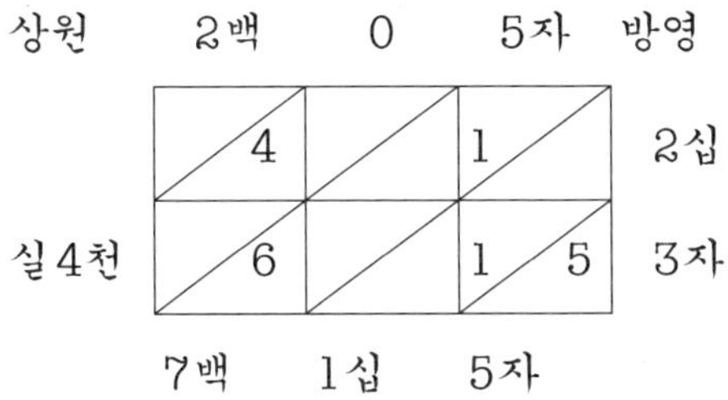

먼저 원과 영의 수를 쓴다. 즉 그림 밖의 위에 왼쪽부터 시작하여 원의 수를 쓰고, 다음 그림 밖의 오른쪽에 영의 수를 쓴다. 한 열마다 각각 한 자리 수를 쓰고 수가 0이면 비워둔다. 다시 칸마다 오른쪽에서 왼쪽으로 사선을 그어 한 칸을 둘로 나눈다. 원의 수와 영의 수를 서로 불러 구구단의 곱셈으로 셈하여 십의 자리는 그림 칸의 위쪽에 쓰고 일의 자리 수는 아래쪽에 쓴다. 따라서 원의 수의 첫째 자리 수와 영의 수의 첫째 자리 수를 구구단의 곱셈으로 곱하여 십의 자리 수는 제1열 제1칸의 위쪽에 쓰고 일의 자리 수는 아래쪽에 쓴다. 다음에 영의 수의 다음 자리 수와 원의 수의 첫째 자리 수의 곱은 십의 자리 수를 제1열 제2칸의 위쪽에 쓰고 일의 자리 수를 아래에 쓴다. 이와 같이 하여 제1열이 끝난다. 다시 원의 수의 다음 자리 수를 영의 수와 서로 곱하여 이와 같이 차차 하여 나가면 끝난다. 이제 우변의 칸 아래쪽부터 계산하여 위로 올라온다. 10이 되면 하나 올리고 20이면 둘 올린다. 좌변의 칸 위까지 오면 그친다. 이때 바로 실의 수를 알 수 있다.

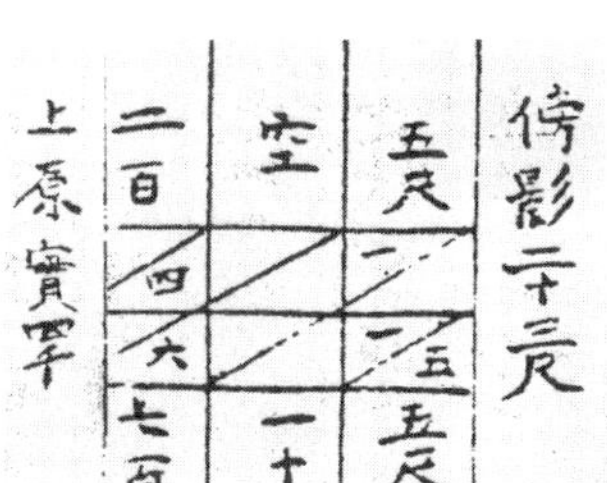

假如長二百空五尺 廣二十三尺 積四千七百一十五尺

先畫方圖如井間多少縱橫 一從原影之數 次從左起列書原數於圖外之上 又書影數於圖外之右 每一行各當一位 有空則空其位 又於每間從右至左斜畫作格以隔其中圖訖 乃以原之首數呼影之首數以九九因之 十則進書于圖左第

一行第一間格上 單則書于格下 次以影之次數呼原之首數 十則書于第一行第二間格上 單則書于格下 畫其第一行 又以原之次數呼影因之 倣前次次而下以盡原數之末 原影相呼而因訖 乃自右邊下角格下計起遞上 滿十則陞一十陞一 二十陞二 至于左邊上角格上而止 則實數自見矣

〔8-5-2〕 또 길이가 67자, 너비가 29자이면 넓이는 1943자이다.

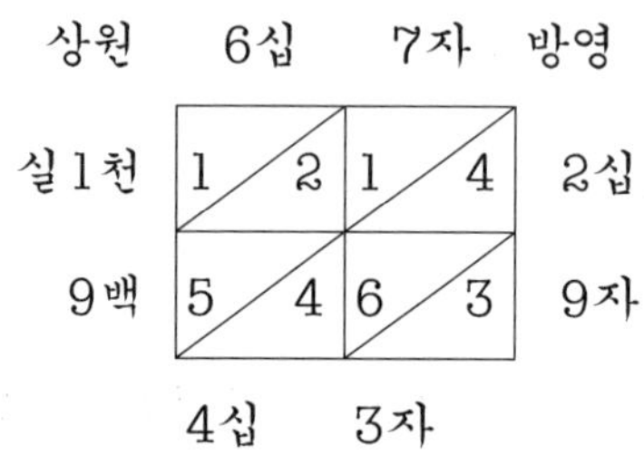

又如長六十七尺 廣二十九尺 積一千九百四十三尺

9 나눗셈

〔9-1〕 구귀(九歸)

〔〈상명산법〉에 있다. 이하 모두 나눗셈이다.〕

〔법산에서 10 이하의 한 자리 수로 나눌 때 이 방법을 사용한다. 먼저 첫째 자리의 큰 수부터 계산을 시작한다. 인법을 써서 환원한다. 양휘가 말하기를, 위로 더하니 이름이 구귀이다. 〈산학계몽〉에 있는 설명에서 아래로 귀제법으로 통한다 하였으니 옳은 말이다. 제법은 〈산학계몽〉이나 〈상명산법〉이나 모두 위로부터 시작한다. 무릇 구귀법이나 정신제법이나 귀제법이나 구일법이나 상제법이나 약분법이 서로 다른 것 같으나 나눗셈인 것은 모두 같다. 따라서 통틀어서 나눗셈이라고도 한다.〕

〔詳明◯以下皆除〕

〔法算十以下單位分者用此法 先從首位大數算起 用因法還元◯楊輝曰以上加名九歸◯啓蒙訣通下歸除法合言之◯除法啓蒙詳明皆自上起◯凡九歸定身除歸除求一商除約分雖似不同 而爲除則一也 故亦得通謂之除〕

실이 작고 법이 크면 법에 따라 나누고
실이 크고 법에 차면 앞으로 나아가 놓는다.
항상 마음 속에 제수를 기억하라.
법과 실이 9와 10으로 서로 멈추어 있을 때 남는다.
〔이 글귀는 바로 당귀법이다. 실수가 작고 법수가 크면 바로 자리를 맞대어 놓고, 실수가 크고 법수가 작으면 바로 한 자리 나아가 놓는다.〕
實少法多從法歸
實多滿法進前居
常存除數專心記
法實相停九十餘〔此句卽撞歸法◯實數少法數多則對位置之　實數多法數少則法進一位置之〕

나눌 수 없을 때는 첫 머리 자리로 돌아간다. 〔이 글귀는 바로 기일법이다.〕
그러나 9수를 헤아려 계산을 한다.
전하여 내려오는 방법은 참이로다.

구일〔구일은 신외감법이다.〕 및 천도〔천도는 상제이다.〕는 모두 이에 못하다. 〔〈산학계몽〉에 있다.〕
但遇無除還頭位〔此句卽起一法〕
然將釋九數呼除
流傳故泄眞消息
求一〔求一卽身外減法〕穿韜〔穿韜卽商除〕摠不如〔啓蒙〕

구귀법은 바로 고르게 나누는 것이다.
모여 있는 수들은 보아오면 저절로 안다.
많은 수들은 나누어 떨어지나
나누어 떨어지지 않으면 따로 첨가한다. 〔〈상명산법〉에 있는 글귀이다.〕
九歸之法乃分平
湊數從來有見成
數若有多歸作十
歸如不盡搭添行 〔詳明〕

☞ 역자 주: [6-2-1], [6-2-2]에서 설명한 당귀법과 기일법에 관한 것을 다시 언급하고 있다. [9-3]의 귀제법의 계산 과정에서 특별한 경우에 사용되는 절차이다.

〔9-1-1〕 지금 돈 265냥 3전 2푼이 있다. 세 사람이 나누어 가지면 각각 얼마씩 갖는가? 〔〈상명산법〉에 있다.〕
今有鈔二百六十五兩三錢二分 三人分之 各幾何 〔詳明〕

답: 88냥 4전 4푼 〔구귀법으로 한다. 돈의 수가 실, 사람의 수가 법이 된다.〕
答曰八十八兩四錢四分 〔九歸法 鈔數爲實 人數爲法〕

200 〔3·2는 62에서 본신 2가 변하여 6이 되고 다시 아랫자리에 2를 더한다.〕
60 〔6을 만나면 20으로 나아간다. 본신 6이 20으로 윗자리

에 나아가고 아직 나머지가 2이다. 3·2는 62이므로 나머지 2가 변하여 6이 되고 다시 아랫자리에 2를 더한다.]

5냥 [6을 만나면 20으로 나아간다. 본신 6이 20으로 윗자리에 나아가고 아직 나머지가 1이 있다. 3·1은 31이므로 나머지 1이 3이 되고 다시 아랫자리에 1을 더한다.]

3전 [3을 만나면 10으로 나간다. 본신 3이 윗자리에 10으로 나아가고 아직 나머지 1이 있다. 3·1은 31이므로 나머지 1이 3을 만들어 다시 아랫자리에 1을 더한다.]

2푼 [3을 만나면 10으로 나간다. 끝이다.]

二百 200 [三二六十二 將本身二變作六 更於下位加二]

六十 60 [逢六進二十起了 本身六數而進二十於上位 尚餘二○三二六十二 將所餘二變作六 更於下位加二]

五兩 5 [逢六進二十起了 本身六數而進二十於上位 尚餘一○三一三十一 變所餘一作三 更於下位加一]

三錢 0.3 [逢三進一十起了 本身三數而進一十於上 位尚餘一○三一三十一 變所餘一作三 更於下位加一]

二分 0.02 [逢三進一十盡]

☞ 역자 주: 구귀법은 제수가 한 자리 수인 경우의 나눗셈법이다. 구귀제법([6-2])을 외워 그대로 적용하는 것으로, 나눗셈은 피제수의 윗자리부터 시작된다. 제수가 3이므로 '三歸'를 이용한 산대 변형은 다음과 같다. 일격산이다.

2̲65.32 '삼이육십이'이므로 2를 6으로 바꾸고 아래에 2를 더한다.

↓

68̲5.32 '봉육진이십'이므로 6이 20으로 나아가고 나머지 2가 있다.

↓

82̲5.32 '삼이육십이'이므로 2를 6으로 바꾸고 아래에 2를 더한다.

↓

867̲.32 '봉육진이십'이므로 6이 20으로 나아가고 나머지 1이 있다.

↓

881̲.32 '삼일삼십일'이므로 1을 3으로 바꾸고 아래에 1을 더한다.

↓

883.4̲2 '봉삼진일십'이므로 3이 10으로 나아가고 나머지 1이 있다.

↓

884.1̲2 '삼일삼십일'이므로 1을 3으로 바꾸고 아래에 1을 더한다.

↓

884.33 · '봉삼진일십'이므로 3이 10으로 나아간다. 끝이다.

↓

884.4

〔9-2〕 정신제(定身除)

〔〈상명산법〉에 있다.〕

〔즉 신외감법이다. 법산이 십, 백, 천, 만의 종류이나 단 수의 첫째 자리 수가 1인 수이고 이들은 이 방법으로 나눈다. 수의 첫째 자리 큰 수부터 계산을 시작한다. 가법을 이용하여 환원한다. 1인 수는 변하지 않기 때문이다. 나눗셈에서는 먼저 본신을 정한 이후에 나눈다. 본신을 1로 하고 돈의 액수를 모두 놓아 첫째 자리의 1을 못 나누면 다음 자리의 수를 나눈다.〕

〔詳明〕

〔卽身外減法也 法算一十一百一千一萬之類 但首位一數者 以此法分之 從首位大數算起 用加法還元○一數不變故也○除者先定本身 而後除之也 就以本身爲一 置都鈔數不除首位之一 但以次位餘數除之〕

감법의 근원을 알아둘 필요가 있다. 즉 구일법과 같이 일반적으로 계산한다. 계산할 때 몸 아래서 마땅히 뺀다. 〔몸이 실이다.〕 10이 되면 본래 수의 자리를 나눈다. 〔〈산학계몽〉에 있는 글귀이다.〕

減法根源必要知 卽同求一一般推 呼如身〔實也〕下須當減 言十從身本位除

〔啓蒙〕

감법은 먼저 정신제를 알아야 한다.

그 몸의 수를 얻어야 처음으로 참이 된다.

법은 비록 하나 있으나 어떻게 이용할 것인가.

몸 밖에서 나누어 이치를 깨우친다. 〔〈상명산법〉에 있는 글귀이다. 정신제는 이름하여 감법이다. 혹시 사람들이 잘 몰라 행의 수가 큰 것을 만났을 때 착오할까봐 귀법이나 귀제와 같이 쓴다. 귀법과 섞은 방법의 노래, 1을 만나면 10으로 나아가고, 2를 만나면 20으로 나아가고, 3을 만나면 30으로 나아가고, 4를 만나면 40으로 나아가고, 5를 만나면

50으로 나아가고, 6을 만나면 60으로 나아가고, 7을 만나면 70으로 나아가고, 8을 만나면 80으로 나아가고, 9를 만나면 90으로 나아간다. 1을 보고 제함이 없으면 9·1이 되고 제함이 없으면 기일이 되어 1로 돌아간다. 이 법은 기일법이다. 1로 돌아간다는 것은 바로 구귀제법의 1귀이다. 익제도 역시 귀법과 섞은 방법을 이용한 것이고 이들은 구귀법을 같이 사용한다.]

減法須知先定身
得其身數始爲眞
法雖有一何曾用
身外除零玅入神 〔詳明◯定身除名曰減法 或恐人心不明 遇行數多者差錯 故因立混歸法與歸除同◯混歸法歌訣 逢一進一十 逢二進二十 逢三進三十 逢四進四十 逢五進五十 逢六進六十 逢七進七十 逢八進八十 逢九進九十◯見一無除作九一 無除起一仍還一 此法起一 還一卽九歸除法之一歸 益除亦用混歸法 此併用九歸〕

☞ 역자 주: [8-2] 가법, 즉 신외가법의 역산으로 제수의 첫째 자리가 1인 경우의 나눗셈이다. 그러나 신외가법이 계산의 과정을 상당히 간편하게 하는 데 반해, 신외감법은 몫을 계산하는 데 별로 도움이 되지 않고 다만 몫을 추정하여 이를 제수와 곱하여 실에서 빼는 과정에서 곱셈이 편리하기 때문에 이용한다. 실제로 몫을 계산해내는 방법이 곧 귀제법이다.

〔9-2-1〕 지금 돈 67냥 9전 8푼이 있다. 쌀 11섬을 사들이면 1섬 값은 얼마인가? 〔〈상명산법〉에 있다.〕
今有鈔六十七兩九錢八分 糴米一十一石 問每石幾何 〔詳明〕

답: 6냥 1전 8푼 〔신외감법으로 한다. 돈의 수는 실이고 쌀의 양은 법이 된다.〕
答曰六兩一錢八分 〔身外減法 鈔數爲實 米數爲法〕

60 1·6은 6을 제한다. 〔본신 6은 움직이지 않고 오직 아랫자리에서 6을 제한다.〕
7냥 1·1은 1을 제한다. 〔앞자리에서 먼저 6을 빼서 오직 1냥이

있고 지금 아랫자리에서 1을 제한다.〕

9전　1·8은 8을 제한다.〔앞자리에서 먼저 1을 제하여 오직 8전이 있고 지금 아랫자리에서 8을 제하여 나누어 떨어졌다.〕

8푼　이미 끝났다.

六十　60　一六除六〔不動本身六 只於下位除六〕

七兩　7　一一除一〔前位先除了六 只有一兩 今只於下位除一〕

九錢　0.9　一八除八〔前位先除了一 只有八錢 今只於下位除八 恰盡〕

八分　0.08 已盡

〔9-2-2〕지금 돈 4180냥 8전이 있다. 비단 156단을 사면 한 단의 값은 얼마인가?〔두 자리 제한다. 〈상명산법〉에 있다.〕

今有鈔四千一百八十空兩八錢 買羅一百五十六端 問每端幾何〔除二位○詳明〕

답: 26냥 8전

答曰二十六兩八錢

4천　〔5·2는 10을 제한다. 첫째 자리 4에서 제하지 않고 먼저 산대 하나가 변하여 아랫자리에서 10이 되어 10을 제한다. 6·2는 12를 제한다. 아랫자리에서 10을 제하고 셋째 자리에서 2를 제한다.〕

1백　〔5·6은 30을 제한다. 다시 산대 하나가 변하여 10이 되어 아랫자리에서 30을 제한다. 6·6은 36을 제한다. 아랫자리에서 30을 제하고 셋째 자리에서 6을 제한다.〕

80　〔5·8은 40을 제한다. 본신 8에서 40을 제한다. 6·8은 48을 제한다. 둘째 자리에서 40을 제하고 셋째 자리에서 8을 제하여 끝난다.〕

0냥　〔4를 제하고 이미 끝났다.〕

8전　〔이미 끝났다.〕

四千 4000〔五二除一十 首位四不可除 先以一算變十於下位 乃除一十 六二除一十二 下位除一十 更於第三位除二〕

一百　100〔五六除三十 又以一算變十於下位乃除三十 六六除三十六 下

位除三十 更於第三位除六〕
八十　　80〔五八除四十 本身存八就除四十 六八除四十八 第二位除四十第三位除八盡〕
空兩空　　0〔除四已盡〕
八錢　　0.8〔已盡〕

〔9-3〕 귀제(歸除)
〔법산이 20 이상 백, 천, 만에 이르는 경우, 첫째 자리가 2, 3, 4, 5, 6, 7, 8, 9일 때 모두 이 방법으로 나눈다. 첫째 자리의 큰 수부터 계산을 시작한다. 승법을 써서 환원한다. 〈산학계몽〉에 있는 설명은 앞의 구귀법 중에 볼 수 있다. 귀제라는 것은 먼저 나눈 다음에 제하는 것이니, 이것은 구귀와 정신제의 두 방법이 하나로 된 것이다. 기일법과 당귀법 역시 모두 앞에서 알 수 있다.〕
〔法算二十以上至百千萬以上 首位有二三四五六七八九者 皆以此法分之 從首位大數算起 用乘法還元◯啓蒙訣見上九歸法中◯歸除者先歸而後除 是合九歸定身除二法爲一也◯起一法撞歸法亦併見前〕

오직 귀제법은 더욱 기이하다. 먼저 몸이 돌아간 다음 제한다.
돌아감이 있으나 제수가 없으면, 1을 세워(기일) 원래 수로 돌아간다.
〔이 두 글귀는 바로 나눌 수 없으면 첫째 자리로 돌아간다는 것이다.〕
惟有歸除法更奇
將身歸了次除之
有歸若是無除數
起一回將元數施〔此二句卽但遇無除還頭位也〕

혹시 본귀를 만나서 연산이 안되면, 당귀의 법은 늦게 가르치지 말라. 〔이 두 글귀는 바로 법과 실이 서로 같으면 9와 10이 서로 멈추어 남는다.〕 만약 사람들이 이 속의 뜻을 안다면, 산학이 비록 깊다하여도 모두 알 수 있다. 〔〈상명산법〉에 있다.〕
或遇本歸歸不得 撞歸之法莫敎遲〔此二句卽法實相停九十餘也〕
若人識得中間意 算學雖深可盡知〔詳明〕

〔9-3-1〕 지금 돈이 658냥 9전 있다. 55명으로 하여금 나누어 갖게 한다면 각각 얼마씩 갖는가? 〔〈상명산법〉에 있다.〕
今有鈔六百五十八兩九錢 令五十五人分之 問各得幾何 〔詳明〕

답: 11냥 9전 8푼〔돈의 액수를 실로, 사람의 수를 법으로 한다.〕
答曰一十一兩九錢八分 〔鈔數爲實 人數爲法〕

6백 〔5를 만나면 10이 되어 나아가니 5는 10이 되어 위로 가고 나머지는 1이다. 1·5는 5이고 본신 10에서 5를 제하니 아랫자리에서 5가 돌아온다.〕
50 〔5를 만나면 10으로 나아가니 5는 10이 되어 위로 가고 나머지는 5이다. 1·5는 5이니 아랫자리 10에서 5를 제하면 5는 돌아가고 나머지는 4이다. 5·4는 배가 되어 8이니 나머지 4는 변하여 8이다.〕
8냥 〔5를 만나면 10으로 나아가니 5는 10이 되어 위로 가고 나머지는 8이다. 5·9는 45이니 40을 본신에서 제하고 다시 아랫에서 5를 제하면 나머지는 4이다. 5·4는 배가 되어 8이니 나머지 4는 8로 변한다.〕
9전 〔5·8은 40으로 제하여 끝났다.〕
六百 600 〔逢五進一十 起五數而進一十於上餘一 一五除五 本身除一十於下位還五〕
五十 50 〔逢五進一十 起五數而進一十於上餘五 一五除五 本身除一十於下位 還五餘四 五四倍作八 變餘四作八〕
八兩 8 〔逢五進一十 起五數而進一十於上餘八 五九除四十五 本身除四十 更於下位除五餘四 五四倍作八 變餘四作八〕
九錢 0.9 〔五八除四十盡〕

☞ 역자 주: 귀제법은 제수의 첫째 자리가 1이 아닌 경우의 나눗셈법으로 가장 일반적인 방법이다.

		6589
6589 55 ↓	6÷5 '5를 만나면 10으로 나아 간다.'	=5000+1589 =50×100+1589
11589 55 ↓	몫의 10과 제수 일의 자리의 5를 곱해서 158에서 뺀다.	=50×100+5×100+1089
11089 55 ↓	'1÷5는 2배하여 2이다'	=55×100+1089
12089 55 ↓	제수의 5와 몫 2의 곱 10을 08에서 뺄 수 없다.	=55×100+50×20+89 [=55×100+50×20+5×20−11]
11589 55 ↓	2에서 1을 세워 아랫자리에 5를 보낸다.(**기일법**)	=55×100+50×10+50×10+89 =55×100+50×10+589
11589 55 ↓	제수의 5와 몫 1의 곱 5를 58에서 뺀다.	=55×100+50×10+5×10+539 =55×100+55×10+539
11539 55 ↓	'5를 보고 나눌 수 없으면 9·5를 만든다. 5는 9로 바꾸고 5를 아랫자리 3에 더한다.(**당귀법**)	=55×110+539 =55×110+500+39
11989 55 ↓		=55×110+50×9+50+39 =55×110+50×9+89
11989 55 ↓	제수의 5와 몫의 9의 곱 45를 89에서 뺀다.	=55×110+50×9+5×9+44 =55×110+55×9+44
11944 55 ↓	'4÷5는 2배하여 8이다.'	=55×119+40+4 =55×119+50×0.8+4
11984 55 ↓	제수의 5와 몫의 8[0.8]의 곱 4를 4에서 뺀다.	=55×119+40+4 =55×119+50×0.8+5×0.8
11980 55		=55×119+55×0.8 =55×119.8

몫은 119.8

〔9-4〕 구일(求一)

〔구일이란 것은 나눌 때 수 1을 첫째 자리에 오게 하여 법으로 하는 방

법이다. 아는 바와 같이 정신제에서는 첫째 자리 수가 모두 1이므로 구할 필요는 없다. 지금 혹시 2, 3, 4, 5, 6, 7, 8, 9가 첫째 자리에 있어 1이 아니라면, 이제 나누거나 혹은 몇 배하여 반드시 1인 수를 구하여 첫째 자리에 있게 함으로써 정신제의 방법으로 이것을 계산한다. 단 분모를 나누거나 몇 배하면 분자도 역시 반드시 나누거나 몇 배하여 계산하므로 번거로워 귀제법으로 바로 계산하는 것만 못하여 반드시 배울 필요는 없으나, 오히려 구일법은 능히 구귀와 정신제의 두 방법을 겸하고 있으니 알고 있지 않을 수 없다. 양휘가 말하기를, 구일법은 본래 가감법에 몇 배하고 나누는 것을 함께 사용하기 때문에 그 이름이 구일이고 사실은 그렇게 심오하지는 않다고 하였다. 또 말하기를, 제식에 을이 없으면(법의 첫째 자리에 1이 없으면) 이때는 바로 나누거나 몇 배한다. 이것은 신외감법을 말한 것이다. 따라서 분모를 몇 배하면 분자도 몇 배하고, 분모를 나누면 분자도 나누어야 한다. 만약 신외가법을 말한다면 바로 분모를 몇 배하면 분자는 그 만큼 나누어야 하고, 분모를 나누면 분자는 그 만큼 곱해야 한다. 물론 신외감법으로 나누나 신외가법으로 곱하나 구일에 있어서는 같다.]

〔求一者求分母一數居首而爲法也 蓋定身除首位皆一不待求也 今或二三四五六七八九居首非一也 乃或折或倍必求一數居首而以定身除算之 但母法折倍則子數亦須折倍下算繁複 不若歸除捷徑 不必學也 然求一卻能兼九歸定身除二法 亦不可不知耳◯楊輝曰求一本是加減乃以倍折兼用 故名求一 其實無甚深奧 又曰題式無乙(法首無一)者 則乃折乃倍◯此以身外減法言之 故母倍則子倍 母折則子折 若以身外加法言之 則母倍子必折 母折子必倍也 無論減除而加乘其爲求一則同也]

1을 구할 때는 두 가지 멈춰 놓음을 가르쳐라. 〔멈춘다는 것은 고르고 바르다는 뜻이다. 나누거나 혹은 곱하기 때문에 두 가지로 멈춘다. 분모를 나누면 분자도 나누고, 분모를 곱하면 분자도 곱한다. 이와 같이 하는 것이 분모와 분자가 서로 멈춘다는 것이다.] 2와 3은 반으로 나누고 4는 3배한다. 5 이상의 수는 2를 곱하여 생각한다. 첫째 자리 1을 제외한 수로 나누며 몸을 정한다. 〔〈상명산법〉에 있다.]

求一明敎置兩停〔停均平正當之義◯或折或倍 故曰兩停 蓋母折則子亦折 母倍則子亦倍 務令母子相停也〕二三折半四三因 五之以上二因見 去一除零要

定身〔詳明〕

☞ 역자 주: 법의 첫째 자리가 1이면 신외가법 및 신외감법을 이용하고 그 외의 경우에는 귀제법으로 바로 계산할 수 있다. 그런데 법의 첫째 자리를 1로 만들어(구일) 신외가·감법을 이용하는 것이 구일술이다. 법(승수 또는 제수)의 첫째 자리를 1로 만들기 위하여 예컨대 2와 3은 반으로 나누고 4는 3배하거나 반으로 두 번 나누고 5 이상은 2배하면 된다. 이때, 피승수나 피제수 역시 같은 수만큼 곱하거나 나누어야 한다.

b의 첫째 자리	구일승 $a\times b$	구일제 $a\div b$
i) 5~9	$=\frac{a}{2}\times 2b$	$=2a\div 2b$
ii) 2 또는 3	$=2a\times\frac{b}{2}$	$=\frac{a}{2}\div\frac{b}{2}$
iii) 4	$=\frac{b}{3}\times 3b$	$=3a\div 3b$
		또는 $=(\frac{a}{2}\div 2)\div(\frac{b}{2}\div 2)$

〔9-5〕 구일대승제설(求一代乘除說)

〔〈양휘산법〉에 나온다.〕

문제에 따라서 푸는 방법을 써야만 빨리 풀리고 푸는 해법을 먼저 택하여 문제를 풀려면 잘 안 풀리고 서투른 짓이다. 구일법의 문제를 만나면 구일법을 써야 하고 구귀법의 문제를 만나면 구귀법을 써야 한다. 혹은 곱하고 혹은 나누고 혹은 더하고 혹은 빼고 혹은 배하고 혹은 바꾸고 문제에 따라서 마음을 쓰지 않는 것이 없다. 그 구일법의 방법을 잘 알아서 여러 문제를 통괄한다.

〔出楊輝算法〕

隨題用法者捷 以法就題者拙 遇求一題則用求一法 遇九歸題則用九歸法 或倍或折或加或減或因或變莫不隨題用意 其可執求一之術而統諸題

〔9-5-1〕 구일승(求一乘)

〔구일법을 써서 대신 곱한다.〕

5, 6, 7, 8, 9를 2배한 수는 적당한 수이고 2와 3은 마땅히 2로 나누어야 하고 4를 만나면 두 번 나눈다. 이와 같이 배하여 나누거나 구일법의 계산법을 쓴다. 〔법을 배하면 실은 반드시 나누어야 하고, 실을 배하면 반드시 법을 나눈다.〕 실은 도리어 가법을 쓰고 이와 같이 대신 곱하여도 얻는 옳은 수이다.

〔以求代乘〕

五六七八九 倍之數不走 二三須當半 遇四兩折紐 倍折本從法 〔倍法必折實 倍實必折法〕 實卽反其有用加 以代乘斯數足可守

〔9-5-2〕 구일제(求一除)

〔구일법을 써서 대신 나눈다.〕

5, 6, 7, 8, 9를 2배한 수는 적당한 수이고 2와 3은 마땅히 2로 나누어야 하고 4를 만나면 두 번 나눈다. 이와 같이 배하거나 나누어서 구일법의 계산법을 쓴다. 〔법을 배하면 반드시 실도 배하고, 법을 나누면 반드시 실도 나눈다.〕 나눗셈을 할 때 적에게 감법을 쓰고 이와 같이 대신 나눌 때 자리를 정하면 원래 셈한 것과 같다.

〔以求一代除〕

五六七八九 倍之數不走 二三須當半 遇四兩折紐 倍折本從法 〔倍法必倍實 折法必折實〕 爲除積相就用減 以代除定位求如舊

〔9-6〕 상제(商除)

〔상제란 것은 여러 가지를 헤아려 생각하고 나누는 것이다. 이 셈법도 역시 구귀법, 정신제법, 귀제법을 겸하고 있어 이미 알고 있어서 이것을 배울 필요는 없다. 다만 개방법에 있어서 바로 상제가 필요하기 때문에 그 법을 폐지할 수 없다. 총수를 놓고 헤아려 생각하여 셈을 하면 상의 수가 별도로 두 자리마다 놓이고 이와 같이 차례로 내려가면 속상을 얻어 셈이 끝나면 끝이고 나머지가 떨어지지 않으면 분수로 표시하여 분모와 분자를 얻는다. 무릇 개방법도 역시 구구합수를 크게 불러서 셈하므로 10이면 한 자리 나아가는 법은 당연하다. 법이 있어 더하고 나누고 법으로 실을 나누고, 모두 이 법을 쓴다. 양휘가 말하기를, 천제 또는

이름하여 비귀는 본래의 수를 상의 수로 나눈 수에 불과하다. 또 말하기를, 가법과 감법에서 천제에 이르기까지 모두 작은 법이다. 또한 이름하여 천도가 있다. 천도의 뜻은 금선탈각, 즉 허물벗는 것을 말한다.]
〔商除者商量而除之也 此一術亦兼九歸定身除歸除 旣通不必學此 但開方則必須商除 故不可廢其法 置總數商量除訖 卻將所商之數別置二位 下之逐位續商盡而止 有不可盡者 則命之得分母子◯凡開方亦用呼如 當位言十過身之法 在法算則以此加之除之以法除實 則專以此法除之◯楊輝曰穿除又名飛歸不過就本位商數除數而已 又曰加減至穿除皆小法也◯亦名穿韜 穿韜之義如云金蟬脫殼〕

〔9-6-1〕
수학에 상제라고 하는 셈법이 있네
총수를 헤아려 두 자리로 갈라 놓는다.
오직 개방법은 이것을 반드시 이용한다.
속상으로 나누어 떨어지지 않으면 나머지는 분수로 쓴다.
〔〈상명산법〉에 있다.〕
數中有術號商除 商總分排兩位居
惟有開方須用此 續商不盡命其餘〔詳明〕

☞ 역자 주: 상제란 제곱근을 구할 때, 두 자리마다 상을 정하는 셈을 말한다.

〔9-7〕 금선탈각(金蟬脫殼)
〔역시 이름하여 가일제이다. 원법은 쌍일이라고도 하고, 음양산이라고도 한다. 〈산법통종〉에 있다.〕
금선탈각법이란 어떠한 것인가?
사이를 두고 서둘지 말고 자세히 살피라.
1을 더하여 원수를 빼는 것이 요점이다.
빈번하게 집어내니 실수하지 말아라.
〔亦名加一除 原法亦名雙一 亦名陰陽算◯出統宗〕
金蟬脫殼法如何 有隔無挨仔細科
加一除原爲要訣 頻頻拈去莫差訛

〔9-7-1〕 가령 쌀 265섬 3말 2되를 11집에 나누어주면 한 집에 24섬 1말 2되씩 돌아간다.

쌀의 양을 왼쪽에 놓고 실이라 하자. 나누어주는 집의 수, 즉 호수를 오른쪽에 놓고 원(原)이라 하자. 먼저 실의 위로부터 첫째 자리에서 한 자리 앞에 1을 더하고 2백의 자리에서 백을 빼고 다시 6십의 자리에서 십을 뺀다. 이와 같이 다시 한 번씩 더하고 뺀다. 다음은 실의 위로부터 다음 자리에서 한 자리 앞에 1을 더하고 4십의 자리에서 십을 빼고 5의 자리에서 1을 뺀다. 이와 같이 다시 더하고 빼는 것을 두 번씩[86] 한다. 다음 실의 위로부터 셋째 자리에서 한 자리 앞에 1을 더하고 1의 자리에서 1을 빼고 다시 3말의 자리에서 1말을 뺀다. 이와 같이 더하고 빼는 것을 한 번 한다. 다음 실의 위로부터 넷째 자리 앞자리에 1을 더하고 2말의 자리에서 1말을 빼고 다시 2되의 자리에서 1되를 뺀다. 이와 같이 다시 더하고 빼는 것을 한 번씩 하면 끝난다. 여기서 더한 것을 셈하여 보면 24섬 1말 2되를 얻는다. 환원할 때는 먼저 끝자리 2되에서 한 자리 떨어져서 11을 더하여 차차로 올라오면 원래 쌀의 수를 얻는다. 이것이 제일가원법이다.

假如米二百六十石三斗二升分配一十一户 每户該米二十四石一斗二升

置米於左爲實 置户於右爲原 先於實上首位隔前一位加一 卻於二百位除一百 又六十位除一十 如此再加除各一次 又於實上次位隔前一位加一 卻於四十位除一十 又五位除一 如此再加除各二次[87] 又於實上第三位隔前一位加一 卻於一上除一 又三斗位除一斗 如此加除一次 又於實上第四位隔前一位加一 卻於二斗位除一斗 又二升位除一升 如此再加除各一次恰盡 計所加得二十四石一斗二升○還原時 先從末位二升上除一下隔位加一十一 次次而上 則得原米 數是爲除一加原法

☞ 역자 주: 가일제란 제수를 피제수의 윗자리로부터 차차 빼나가는 것이다. 이때 한 자리 앞에 1을 더하는 것은 결국 뺀 회수를 세어나가는 것이므로 그것으로 몫을 알 수 있다. 문제의 풀이는 다음과 같다.

86) 세 번으로 고쳐야 한다.
87) 三次로 고쳐야 한다.

265.32 (실수)　　　11(원수)

↓

$\underline{1}155.32$　　　(26 − 11 = 15)

↓

$\underline{2}045.32$　　　(15 − 11 = 4)

↓

$2\underline{1}34.32$　　　(45 − 11 = 34)

↓

$2\underline{2}23.32$　　　(34 − 11 = 23)

↓

$2\underline{3}12.32$　　　(23 − 11 = 12)

↓

$2\underline{4}01.32$　　　(12 − 11 = 1)

↓

$24\underline{1}0.22$　　　(13 − 11 = 2)

↓

$241\underline{1}.11$　　　(22 − 11 = 11)

↓

$241\underline{2}.00$　　　(11 − 11 = 0)

각 자리에서 1을 더한 회수 2, 4, 1, 2는 첫째 자리에서 2번, 둘째 자리에서 4번, 셋째 자리에서 1번, 넷째 자리에서 2번 뺀 것을 의미하며, 그것을 고려하여 몫으로 24.12를 얻는다.

10 천산송(天算頌)

〔3, 5, 7은 모두 양에 속한다.88) 따라서 천산이라 한다.〕

세(3) 사람의 친구들이 7순에 한가하게 쉴 때
오(5)봉루 앞의 옛날 무리들을 찾았다.
적벽강에 가을이 오면 만월도 차갑고
개산에 봄이 가면 빽빽하게 꽃은 진다.
〔친구 셋은 3을 말한다. 7순은 70을 말한다. 옛날 석(昔)은 21을 말한다. 가을이 온다는 것은 7월을 말한다. 만월은 15를 말한다. 봄이 갔다는 것은 한식, 즉 3월이다. 동지부터 한식까지 105일이다.〕
〔三五七皆屬陽 故曰天算〕
三朋共暇七旬休 五鳳樓前訪昔儔
赤壁秋生寒月滿 介山春盡落花稠
〔三朋三也 七旬七十也 昔卄一也 秋生七月也 月滿十五也 春盡寒食三月也 由冬至至此一百五日也〕

세 사람이 70살까지 같이 사는 것은 드문 일이다.
오로봉 산머리에 이십일이 남았네.
7월 15일은 첫 가을 밤이요.
동지에서 한식은 105를 뺀다.
三人同行七十稀 五老峰頭卄一餘
七月十五初秋夜 冬至寒食百五除

☞ 역자 주: 위의 두 개의 칠언절구는 아래에서 설명할 연립합동식 문제인 '손자의 문제'를 풀고 가르칠 때 쉽게 하고자 만들어 외운 노래이다. 즉 연립합동식의 풀이를 위해 필요한 다음 관계를 담고 있다.

$$\begin{cases} 70 \equiv 1 \pmod 3 \\ 21 \equiv 1 \pmod 5 \\ 15 \equiv 1 \pmod 7 \end{cases} \qquad \mathrm{lcm}(3,\ 5,\ 7) = 105$$

한편 경선징은 <묵사집산법> 중권의 '인잉구총문'에서 이 외에도 두 개의 노래를 더 이용한다.

88) 주역에서 1, 3, 5, 7, 9는 양에 해당하는 天數이고 2, 4, 6, 8, 10은 음에 해당하는 地數이다. 따라서 천수인 3, 5, 7과 관련되므로 천산이라 한 것이다.

五人同居兩七九　七貴公侯五九五
重陽節滿八五七　冬至寒食三合除

이 노래는 $\begin{cases} 126(=2\cdot7\cdot9)\equiv1 \pmod 5 \\ 225(=5\cdot9\cdot5)\equiv1 \pmod 7 \\ 280(=8\cdot5\cdot7)\equiv1 \pmod 9 \end{cases}$ 와 lcm(5, 7, 9)=105×3=315임을 나타낸다.

七月七日新月夕　螽斯生子九十九
重陽佳節風景好　兩叟同庚七十七
至月寒天酒價錢　半貫纔除五十九
六百九十三春和　除夜餘與倣此識

이 노래는 $\begin{cases} 99(=9\cdot11)\equiv1 \pmod 7 \\ 154(=2\cdot7\cdot11)\equiv1 \pmod 9 \\ 441(=7\cdot7\cdot9)\equiv1 \pmod{11} \end{cases}$ 와 lcm(7, 9, 11)=693임을 나타낸다.

〔10-1〕 지금 어떠한 수가 있어 3으로 나누어 나머지가 1이면 70을 곱하고 다시 5로 나누어 나머지가 1이면 21을 곱하고 다시 7로 나누어 나머지가 1이면 15를 곱하여 세 개의 곱한 것을 모두 합하면 106이다. 여기에서 105를 빼면 나머지 1을 얻고 이것이 바로 구하고자 하는 수이다. 나머지도 이와 같이 한다. 그 나머지 3, 나머지 5, 나머지 7인 모두 법에 의하여 곱한다. 〔이것이 〈양휘산법〉의 전관술이다. 본래 〈손자산경〉에서 나온 것이다. 역시 〈산법통종〉과 〈수리정온〉에서도 볼 수 있다.〕
今有幾數 以三除之餘一乘七十 又以五除之餘一乘二十一 又以七除之餘一乘十五 併三次所乘則一百六也 內減一百五餘一 卽得所求 餘倣此 其餘三餘五餘七者幷依法乘之〔此卽楊輝算法剪管術 本出孫子 亦見統宗精蘊〕

〔10-2〕 물건이 몇 개 있는지 총수는 알 수 없으나 다만 3개씩 세면 2개가 남고 5개씩 세면 3개가 남고 7개씩 세면 2개가 남는다고 한다. 총수는 몇 개인가? 〔본래 〈손자산경〉에서 나왔다. 이 법의 이름을 전관술이라고 한다. 흔히 말하기를 이름하여 진왕이 몰래 군인들을 점검하는 방법, 복사지술과도 같다. 혹시 수 105를 만나면 반드시 한신이 군인들을 점검하는 방법이라고도 하고 〈통종〉과 〈정온〉 및 〈양휘산법〉에도 보인다.〕

物不知總數 只云三三數之剩二 五五數之剩三 七七數之剩二 問本總數幾何〔本出孫子◯此法名曰剪管術 俗名秦王暗點兵猶覆射之術 或遇一百五數 須於題內云知◯亦曰韓信點兵 見統宗精蘊卽楊輝算法〕

답: 23

答曰二十三

풀이: 3개씩 세서 1개가 남는 가장 작은 수는 70이다. 〔2개가 남는 가장 작은 수는 140이다.〕 5개씩 세서 1개가 남는 가장 작은 수는 21이다. 〔3개가 남는 가장 작은 수는 63이다.〕 7개씩 세서 1개가 남는 가장 작은 수는 15이다. 〔2개가 남는 가장 작은 수는 30이다.〕 세 수를 모두 더하면 233이다. 105가 될 때마다 빼 나가면〔두 번 뺀다.〕 나머지는 23이고 이것이 답의 수이다. 〔105는 총법이 된다.〕

術曰三數剩一下七十〔剩二下一百四十〕 五數剩一下二十一〔剩三下六十三〕 七數剩一下十五〔剩二下三十〕 三位併之二百三十三 滿一百五數去之〔減兩箇一百五〕 餘二十三爲答數〔一百五爲總法〕

〔10-2-1〕

지금 전관술을 생각하여 스스로 정확히 연구하여 이 문제를 명확히 깨달아 통달하면 다른 문제도 가히 같은 방법으로 알 수 있다. (3) 먼저 3을 주로 한다. 5와 7을 써서 서로 곱하면 35이다. 3이 될 때마다 빼면 나머지가 2가 되어 나머지가 1이 아니다. 따라서 35를 2배하여 70을 얻으면 3씩 빼어나갈 때 처음으로 나머지가 1이다. 이것이 바로 3씩 셀 때 나머지가 1인 가장 작은 수는 70이라는 것이다. (5) 다음 5를 주로 한다. 3과 7을 써서 서로 곱하면 21이고 5가 될 때마다 빼 나가면 나머지가 1이다. 이것이 바로 5씩 셀 때 나머지가 1인 가장 작은 수는 21이라는 것이다. (7) 다음 7을 주로 한다. 3과 5를 써서 서로 곱하면 15이고 7이 될 때마다 빼나가면 나머지가 1이다. 이것이 바로 7씩 세어서 나머지가 1이 되는 가장 작은 수는 15라는 것이다. 여기서 3, 5, 7을 순차적으로 서로 곱하면 105이고 따라서 본문에서와 같이 105가 될 때마다 빼 나간다. 이상을 지금 흔히 천산법이라고 부르고 있는 것은 3, 5, 7이 모두 천수(天數)이기 때문이다.

今按箭管之術本原 自有精義於此 通曉他可類究 (三)以爲主用五七相因得三十五 滿三去之餘二 非餘一 故須倍三十五得七十 滿三去之始餘一 所以三數剩一下七十 (五)以五爲主用三七相因得二十一 滿五去之餘一 所以五數剩一下二十一 (七)以七爲主用三五相因得一十五 滿七去之餘一 所以七數剩一下一十五○右三五七循次相乘得一百五數 故本文滿一百五數去之○以上今俗稱爲天算法 三五七皆天數故也

☞ 역자 주: 연립합동식과 관련된 문제들이다. 중국 산학에서 연립합동식은 그 근원을 <손자산경>의 소위 '손자의 문제' 또는 '나머지 문제'라고 일컫는 위의 문제 [10-2]에 두고 있으며, 그 해법에 대한 이름도 금유물 부지기수(今有物, 不知其數)로부터 대연구일술(大衍求一術), 귀곡산(鬼谷算), 격장산(隔牆算), 전관술(剪管術), 주왕암점병(秦王暗點兵), 한신점병(韓信點兵), 그리고 오늘날 손자잉여정리(孫子剩余定理), 중국잉여정리(中國剩余定理)에 이르면서 변하여 왔다.

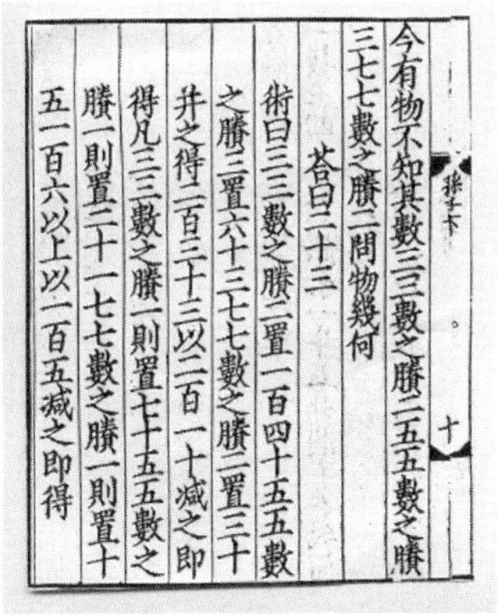
孫子下 十
今有物不知其數三三數之賸二五五數之賸
三七七數之賸二問物幾何
荅曰二十三
術曰三三數之賸二置一百四十五五數
之賸三置六十三七七數之賸二置三十
幷之得二百三十三以二百一十減之即
得凡三三數之賸一則置七十五五數之
賸一則置二十一七七數之賸一則置十
五一百六以上以一百五減之即得

문제 [10-2]를 오늘날 방식으로 표현하면 다음과 같다. $\begin{cases} x\equiv 2 \pmod 3 \\ x\equiv 3 \pmod 5 \\ x\equiv 2 \pmod 7 \end{cases}$

풀이는 3씩 세어 2가 남으면 140이고, 5씩 세어 3이 남으면 63이고, 7씩 세어 2가 남으면 30이므로, 이 세 수를 합하여 233이고 여기서 210을 빼면 답이라는 것이다.

한편 위 그림의 <손자산경> 원문에 제시된 문제의 일반 해법은 다음과 같다.

3씩 셀 때 나머지로서 각 단위에 대해 70을 놓는다.

5씩 셀 때 나머지로서 각 단위에 대해 21을 놓는다

7씩 셀 때 나머지로서 각 단위에 대해 15를 놓는다.

이렇게 얻은 세 수의 합은 106이거나 그 이상이다. 105를 빼서 답을 얻는다.

일반술은 3, 5, 7로 셀 때 $\begin{cases} 70\equiv 1\ (\text{mod } 3) \\ 21\equiv 1\ (\text{mod } 5) \\ 15\equiv 1\ (\text{mod } 7) \end{cases}$임을 말하는 것으로, 바로 천산송으로 외운 내용이다. 풀이에서 나머지 $r_1=2,\ r_2=3,\ r_3=2$이므로 $\begin{cases} 140\equiv 2\ (\text{mod } 3) \\ 63\equiv 3\ (\text{mod } 5) \\ 30\equiv 2\ (\text{mod } 7) \end{cases}$로 하여 $(140+63+30)-105-105$, 즉 $x=70r_1+21r_2+15r_3-105n$ 으로 구한 것이다.

따라서 풀이 과정은 다음과 같이 쓸 수 있다.

$$\begin{cases} 70\equiv 1(\text{mod}3) \\ 21\equiv 1(\text{mod}5) \\ 15\equiv 1(\text{mod}7) \end{cases} \Rightarrow \begin{cases} 140\equiv 2(\text{mod}3) \\ 63\equiv 3(\text{mod}5) \\ 30\equiv 2(\text{mod}7) \end{cases}$$

$$(140+63+30)-105-105=23$$

이와 같이 문제의 해법은 정확한 법칙으로 설명되고 있다. 이 문제와 해법을 일반화하여 현대적으로 표기하면, 곧 오늘날의 중국인의 나머지 정리(Chinese Remainder Theorem)라고 불리는 해법과 일치함을 알 수 있다:

문제. x를 m_1으로 나누면 r_1이 남고 m_2로 나누면 r_2가 남고 m_3로 나누면 r_3가 남는다. x는 얼마인가? 즉 $\begin{cases} x\equiv r_1(\text{mod}\, m_1) \\ x\equiv r_2(\text{mod}\, m_2) \\ x\equiv r_3(\text{mod}\, m_3) \end{cases}$를 만족시키는 x를 구하여라.

이를 풀기 위해 $M=\text{lcm}\,(m_1,\ m_2,\ m_3)$, $M_i=\dfrac{M}{m_i}$이라 하면, 다음과 같은 μ_1, μ_2, μ_3를 구하여야 한다.

m_2, m_3로 나누어떨어지지만 m_1로 나누어 1이 남는 $\mu_1 M_1$,

m_1, m_3로 나누어떨어지지만 m_2로 나누어 1이 남는 $\mu_2 M_2$,

m_1, m_2로 나누어떨어지지만 m_3로 나누어 1이 남는 $\mu_3 M_3$

즉 $\begin{cases} \mu_1 M_1\equiv 1(\text{mod}\, m_1) \\ \mu_2 M_2\equiv 1(\text{mod}\, m_2) \\ \mu_3 M_3\equiv 1(\text{mod}\, m_3) \end{cases} \Rightarrow \begin{cases} r_1\mu_1 M_1\equiv r_1(\text{mod}\, m_1) \\ r_2\mu_2 M_2\equiv r_2(\text{mod}\, m_2) \\ r_3\mu_3 M_3\equiv r_3(\text{mod}\, m_3) \end{cases}$

그러면 해는 $x=r_1\mu_1 M_1+r_2\mu_2 M_2+r_3\mu_3 M_3$이고 m_1, m_2, m_3의 최소공배수 M을 계속 빼어나가 최소의 수를 구할 수 있다.

여기서 문제 [10-2]는 $m_1=3$, $m_2=5$, $m_3=7$인 경우로서, $\begin{cases}70\equiv1\pmod 3\\21\equiv1\pmod 5\\15\equiv1\pmod 7\end{cases}$을 이용한 것이다.

〔10-3〕 일꾼을 부리는데 그 총 인원수를 모른다. 사람을 시켜서 고기, 돈, 술을 전하여 위로하였다. 고기는 세 사람마다 1근씩 나누어주면 5냥 8수가 남고〔셋씩 세면 둘 남는다.[89]〕 다섯 사람마다 돈 1관씩 나누어주면 400이 남고〔다섯씩 세면 셋 남는다.〕 일곱 사람마다 술 1철을 나누어주면 딱 떨어졌다. 〔일곱씩 세면 나머지는 없다.〕 일꾼의 총 인원수와 나누어준 고기, 돈, 술의 양은 각각 얼마인가?
用工不知其數 差人支犒 每三人支肉一斤 剩零五兩八銖〔乃三數剩二〕 每五人支錢一貫剩零四百〔五數剩三〕 每七人支酒一掇 恰撞成掇〔七數無剩〕 問總工所支各幾何

답: 98명, 돈 19관 600, 술 14철, 고기 32근 10냥 16수
答曰九十八人 錢一十九貫六百 酒十四掇 肉三十二斤一十兩十六銖

풀이의 대략적인 설명: 셋씩 세어 나머지 2이면 〔가장 작은 수는 140이다.〕 다섯씩 세어 나머지 3이면 〔가장 작은 수는 63이다.〕 일곱씩 세어 나머지 없으면 〔7의 배수이다.〕 모두 합하여 203이고 105를 빼면 98이다. 이것이 일꾼의 수이다. 일꾼의 수에 200을 곱하면 돈의 액수이다. 〔200을 곱하는 것은 5명에게 1관을 나누어주므로 한 사람의 몫은 200이기 때문이다.〕 일꾼의 수를 7로 나누면 술의 양이고 3으로 나누면 고기의 양이다.
算曰三剩二〔下百四十〕 五剩三〔下六十三〕 七無剩〔不下〕 併之得二百三 減一百五餘九十八工 以二百乘工數爲錢 〔以二百乘者 卽以五除所以代除也〕 七除工數爲酒 三除工數爲肉

---

89) 3사람마다 1근이라 하였으므로 1사람의 몫은 16/3냥=5⅓냥=5냥 8수(1근=16냥, 1냥=24수)이다. 따라서 5냥 8수가 남았다는 것은 1근씩 나누어주고 마지막에는 두 사람만 가졌다는 것이므로, 사람 수는 3씩 세어 2가 남는다는 것이다.

☞ 역자 주: $\begin{cases} x \equiv 2 \pmod 3 \\ x \equiv 3 \pmod 5 \\ x \equiv 0 \pmod 7 \end{cases}$을 푸는 것이다.

$\begin{cases} 70 \equiv 1 \pmod 3 \\ 21 \equiv 1 \pmod 5 \\ 15 \equiv 1 \pmod 7 \end{cases}$ 을 이용하여 $\begin{cases} 140 \equiv 2 \pmod 3 \\ 63 \equiv 3 \pmod 5 \\ 7\text{의 배수} \end{cases}$ 이므로 구하는 수는 다음과 같다.

$(140+63)-105=98$

〔10-4〕 지금 다시 생각하여 보자. 문제를 고쳐서 셋씩 세어서 2가 남았다고 하였으나 고쳐서 나머지가 1이라 하고 다섯씩 세어서 3이 남았다고 하였으나 고쳐서 나머지가 2라고 한다면 답은 일꾼이 7명이다. 돈은 1관 400이고 술은 1철이고 고기는 2근 5냥 8수이다. 풀이를 대충 설명하면 셋씩 세어 나머지 1인 가장 작은 수는 70이고 다섯씩 세어 나머지 2인 가장 작은 수는 42이므로 합하여 112이다. 여기에서 105를 빼면 나머지가 7이고 5로 7을 나누면 돈의 액수이고 7로 7을 나누면 술의 양이고 3으로 7을 나누면 고기의 양이다.

今按三數剩二 當云剩一 五數乘三 當云剩二 答當云七人 錢一貫四百 酒一掇 肉二斤五兩八銖 草當云三剩一下七十 五剩二下四十二 併之一百一十二 減一百五餘七 以五除七爲錢 七除七爲酒 三除七爲肉

☞ 역자 주: $\begin{cases} x \equiv 1 \pmod 3 \\ x \equiv 2 \pmod 5 \\ x \equiv 0 \pmod 7 \end{cases}$을 푸는 것이다.

$\begin{cases} 70 \equiv 1 \pmod 3 \\ 21 \equiv 1 \pmod 5 \\ 15 \equiv 1 \pmod 7 \end{cases}$ 을 이용하여 $\begin{cases} 70 \equiv 1 \pmod 3 \\ 42 \equiv 2 \pmod 5 \\ 7\text{의 배수} \end{cases}$이므로 구하는 수는 다음과 같다.

$(70+42)-105=7$

〔10-5〕 다른 문제를 다루어 보자. 7로 나누어 1이 남고 8로 나누어 2

가 남고 9로 나누어 3이 남는 수는 498이다. 세 수를 서로 곱한 504가 총법이 된다.
(7) 7을 주로 한다. 8과 9를 서로 곱하면 72이고 7이 될 때마다 빼면 나머지가 2이다. 따라서 마땅히 72를 4배하여 288을 얻어 7이 될 때마다 빼면 처음으로 나머지가 1이다. 이것이 바로 7로 나누어 나머지 1이 되는 가장 작은 수는 288이라는 것이다.
(8) 8을 주로 한다. 7과 9를 서로 곱하여 63이고 8이 될 때마다 빼면 나머지는 7이다. 따라서 마땅히 63을 7배하여 441을 얻어 8이 될 때마다 빼면 처음으로 나머지가 1이 된다. 이것이 바로 8로 나누어 나머지가 1이 되는 가장 작은 수는 441이라는 것이다.
(9) 9를 주로 한다. 7과 8을 서로 곱하여 56이고 9가 될 때마다 빼면 나머지가 2이다. 따라서 마땅히 56을 5배하여 280을 얻어 9가 될 때마다 빼면 처음으로 나머지가 1이다. 이것이 바로 9로 나누었을 때 나머지가 1이 되는 가장 작은 수는 280이라는 것이다. 앞에서 7, 8, 9를 서로 곱하여 504를 얻어 504가 될 때마다 빼면 구하는 수를 얻는다.

別術七數剩一 八數剩二 九數剩三 本總數四百九十八 三位相乘五百四爲總法 (七) 七爲主 八九相因七十二 滿七去之餘二 故須四倍七十二得二百八十八 滿七去之始餘一 所以七數剩一下二百八十八 (八) 八爲主 七九相因六十三 滿八去之餘七 故須七倍六十三得四百四十一 滿八去之始餘一 所以八數乘一下四百四十一 (九) 九爲主 七八相因五十六 滿九去之餘二 故須五倍五十六得二百八十 滿九去之始餘一 所以九數剩一下二百八十○右七八九相乘得五百空四 所以滿五百空四數去之

☞ 역자 주: $\begin{cases} x\equiv 1 \pmod 7 \\ x\equiv 2 \pmod 8 \\ x\equiv 3 \pmod 9 \end{cases}$을 푸는 것이다.

$72\equiv 2 \pmod 7$이므로 4를 곱하여 $288\equiv 1 \pmod 7$

$63\equiv 7 \pmod 8$이므로 7을 곱하여 $441\equiv 1 \pmod 8$

$56\equiv 2 \pmod 9$이므로 5를 곱하여 $280\equiv 1 \pmod 9$

$\begin{cases} 288\equiv 1 \pmod 7 \\ 882\equiv 2 \pmod 8 \\ 840\equiv 3 \pmod 9 \end{cases}$ 이므로 구하는 수는 다음과 같다.

$(288+882+840)-504-504-504=498$

〔10-6〕 다시 다른 문제를 다루어보자. 11씩 세어 나머지가 3이고 12씩 세어 나머지가 2이고 13씩 세어 나머지가 1인 수는 14이다. 세 수를 서로 곱하여 1716은 총법이 된다.

(11)[90] 12, 13을 서로 곱하여 156이고 11이 될 때마다 빼면 나머지가 2이므로 따라서 6배하여 서로 곱한 수 936을 얻어 11이 될 때마다 빼면 처음으로 나머지가 1이다. 이것이 바로 11씩 세어 나머지가 1이 되는 가장 작은 수는 936이라는 것이다.

(12)[91] 11과 13을 서로 곱하여 143이고 12가 될 때마다 빼면 나머지는 11이므로 따라서 11배하여 서로 곱한 수 1573을 얻어 12가 될 때마다 빼면 처음으로 나머지가 1이다. 이것이 바로 12씩 세어 나머지가 1이 되는 가장 작은 수는 1573이라는 것이다.

(13)[92] 11과 12를 서로 곱하여 132이고 13이 될 때마다 빼면 나머지가 2이므로 따라서 7배하여 서로 곱하여 얻은 수 924를 13이 될 때마다 빼면 처음으로 나머지가 1이다. 이것이 바로 13씩 세어 나머지가 1이 되는 가장 작은 수는 924라는 것이다.

又術十一數餘三 十二數餘二 十三數餘一 本總數一十四 三位相乘一千七百一十六爲總法 十一 十二十三相乘一百五十六 滿十一去之餘二 故六倍相乘數得九百三十六 滿十一去之始餘一 是以十一數剩一下九百三十六 十二 十一十三相乘一百四十三 滿十二去之餘十一 故十一倍相乘數得一千五百七十三 滿十二去之始餘一 是以十二數剩一下一千五百七十三 十三 十一十二相乘一百三十二 滿十三去之餘二 故七倍相乘數得九百二十四 滿十三去之始餘一 是以十三數剩一下九百二十四

☞ 역자 주: $\begin{cases} x\equiv 3 \pmod{11} \\ x\equiv 2 \pmod{12} \\ x\equiv 1 \pmod{13} \end{cases}$ 을 푸는 것이다.

$156\equiv 2 \pmod{11}$ 이므로 6을 곱하여 $936\equiv 1 \pmod{11}$

90) 본문에 있는 11에는 괄호가 빠져 있다.
91) 본문에는 12에 괄호가 빠져있다.
92) 본문에는 13에 괄호가 빠져있다.

$143 \equiv 11 \pmod{12}$이므로 11을 곱하여 $1573 \equiv 1 \pmod{12}$

$132 \equiv 2 \pmod{13}$ 이므로 7을 곱하여 $924 \equiv 1 \pmod{13}$

$$\begin{cases} 2808 \equiv 3 \pmod{11} \\ 3146 \equiv 2 \pmod{12} \\ 924 \equiv 1 \pmod{13} \end{cases}$$
이므로 구하는 수는 다음과 같다.

$$(2808+3146+924)-1716-1716-1716-1716=14$$

〔10-7〕 다시 또 다른 문제를 다루어 보자. 둘씩 세어 나머지가 1이고 다섯씩 세어 나머지가 2이고 일곱씩 세어 나머지가 3이고 아홉씩 세어 나머지가 4인 수는 157이고 네 수를 서로 곱하여 630이 총법이 된다.

(2) 5와 7과 9를 서로 곱하여 315이고 2가 될 때마다 빼면 나머지는 1이다. 따라서 둘씩 세어 나머지가 1이 되는 가장 작은 수는 315이다.

(5) 2와 7과 9를 서로 곱하여 126이고 5가 될 때마다 빼면 나머지가 1이다. 따라서 다섯씩 세어 나머지가 1이 되는 가장 작은 수는 126이다.

(7) 2와 5와 9를 서로 곱하여 90이고 7이 될 때마다 빼면 나머지는 6이다. 따라서 6배하여 서로 곱한 수 540을 7이 될 때마다 빼면 처음으로 나머지가 1이다. 이것이 일곱씩 세어 나머지가 처음으로 1이 되는 가장 작은 수는 540이라는 것이다.

(9) 2와 5와 7을 서로 곱하여 70이고 9가 될 때마다 빼면 나머지는 7이다. 따라서 4배 하여 서로 곱한 수 280을 얻어 9가 될 때마다 빼면 처음으로 나머지가 1이다. 이것이 바로 아홉씩 세어 나머지가 1인 가장 작은 수는 280이라는 것이다.

又術二數餘一 五數餘二 七數餘三 九數餘四 元總數一百五十七 四位相乘六百三十爲總法 (二)五七九相因三百一十五 滿二去之餘一 故二數剩一下三百一十五 (五)二七九相因一百二十六 滿五去之餘一 故五數剩一下一百二十六 (七)二五九相因九十 滿七去之餘六 故六倍相因數得五百四十 滿七去之始餘一 是以七數剩一下五百四十 (九)二五七相因七十 滿九去之餘七 故四倍相因數得二百八十 滿九去之始餘一 是以九數剩一下二百八十

☞ 역자 주: $\begin{cases} x \equiv 1 \pmod{2} \\ x \equiv 2 \pmod{5} \\ x \equiv 3 \pmod{7} \\ x \equiv 4 \pmod{9} \end{cases}$ 을 푸는 것이다.

$315 \equiv 1 \pmod{2}$

$126 \equiv 1 \pmod{5}$

$90 \equiv 6 \pmod{7}$이므로 6을 곱하여 $540 \equiv 1 \pmod{7}$

$70 \equiv 7 \pmod{9}$이므로 4를 곱하여 $280 \equiv 1 \pmod{9}$

$\begin{cases} 315 \equiv 1 \pmod{2} \\ 252 \equiv 2 \pmod{5} \\ 1620 \equiv 3 \pmod{7} \\ 1120 \equiv 4 \pmod{9} \end{cases}$ 이므로 구하는 수는 다음과 같다.

$(315+252+1620+1120)-630 \times 5 = 157$

11 부양휘산법(附楊輝算法)

〔이것을 생각해보니 곱할 때 상승은 단인, 상승이다. 상제이다. 가법은 가일위, 가이위, 가격위이다. 감법은 감일위, 감이위, 격위감이다. 이들은 모두 상용하는 계산법이다. 나머지는 바로 더디고 번거로워 좋지 않다.〕

〔按此相乘之單因相乘也 商除也 加法之加一加二加隔位也 減法之減一減二隔位減也 皆常用之法 餘則滯泥不活耳〕

☞ 역자 주: 13세기 중국의 양휘는 간편한 계산법에 대해 <승제통변산보(乘除通變算寶)> 3권(1247)에 정리하여 놓았다. 아래에 나오는 상승육법과 상제이법은 삼권 중 상권에서, 가법오술과 감법사술은 중권에서 설명된다.

〔11-1〕 상승육법(相乘六法)

첫째, 단인이다. 자리 수가 많은 수를 실로 하고 한 자리 수를 법으로 하여 곱할 때 윗자리 수부터 곱하기 시작한다. 10이 넘으면 자리 수를 옮기고 셈하면서 원래의 수는 바뀐다. 자리 정하는 것은 승법에서와 같다. 〔인법은 곱할 때뿐만 아니라 나눌 때도 가능하다.〕

둘째, 중인이다. 법의 수가 한 자리의 수 둘을 서로 곱하는 경우이면 중인의 방법을 쓴다. 가령 63을 곱할 때는 먼저 7을 곱하고 다음에 9를 곱한다. 또 48을 곱할 때는 먼저 6을 곱하고 다음에 8을 곱한다. 자리 정하는 것은 승법에서와 같다.

셋째, 신전인이다. 실의 수를 몸이라 놓고 1 앞의 수를 몸 앞에서 인법과 같이 구한다. 여(如)를 말하면[93] 몸 앞에 자리하고, 10을 말하면 몸 앞 두 자리에 놓는다. 자리 정하는 것은 승법에서와 같다. 11에서 19까지는 10 다음에 한 자리 수를 더하니 10은 바로 1이다. 어찌하여 21에서 91까지는 신전인을 쓸 수 없겠는가?

---

93) 두 수를 곱하여 10을 넘지 않는 경우에 '여(如)를 말한다'고 한다. 왜냐하면 구구합수에서 二四如八, 三四一十二와 같이 하여 전자의 곱의 결과가 한 자리인 경우에 '如' 자를 넣어 말하는 한편, '10을 말한다'는 것은 후자와 같이 곱의 결과가 두 자리인 경우를 말한다.

넷째, 상승이다. 실은 위에 있고 법은 아래에 있고 법의 끝자리에서 실의 앞자리로 곱한다. 〔'정(頂)'이라는 것은 첫째 자리가 아니라 곱하는 자리라는 뜻이다.〕 끝자리의 수를 살펴서 그 실을 정한다. 법과 실을 서로 곱한다. 〔10을 말하면 법의 자리를 넘고, 여를 말하면 법의 자리에 맞추어 실의 자리가 나아간다.〕

다섯째, 중승이다. 승수가 자리 수가 많고 두 수로 분해되면 두 번 곱함으로써 자리 수를 간단히 하여 쉽게 곱하여 착오 없이 할 수 있다. 서로 곱하여 자리를 정하는 것은 각각 셈할 때 따른다. 〔가령 63을 곱할 때는 먼저 9로, 다음 7로 분해할 수 있으므로 한번 씩 곱한다.〕

여섯째, 손승이다. 바로 아래로 곱하는 것이다. 〔위로 곱하는 것은 생수로 말하고 아래로 곱하는 것은 바로 손수이다.〕 풀이법에서 9를 곱하는 것은 1을 잃는 것이요〔10에서 그 중의 1을 빼면 바로 9이다.〕, 8을 곱하는 것은 2를 잃는 것이요〔10에서 그 중의 2를 빼면 바로 8이다.〕, 7을 곱하는 것은 3을 잃는 것이요〔10에서 그 중의 3을 빼면 바로 7이다.〕, 6을 곱하는 것은 4를 잃는 것이요, 5를 곱하는 것은 절반이요〔절반은 5를 잃는 것이다.〕, 4를 곱하는 것은 6을 잃는 것이요, 3을 곱하는 것은 7을 잃는 것이요, 2를 곱하는 것은 8을 잃는 것이다. 모두 끝자리에서 계산을 시작하여 아래로 곱하는 것이다. 이것은 구귀의 방법과 반대다. 자리 정하는 것은 승법에서와 같다.

一曰單因 置衆位爲實 陰記單位爲法 從上位因起 言十過身言如就身改之 定位如乘〔因法不獨能乘而亦能除〕

二曰重因 法數如九九合數者 則用重因 謂六十三 用七因九因 如四十八 用六因八因 定位如乘

三曰身前因 置實數爲身 以一前之數於身前如因法求之 言如身前布位 言十身前二位下起 定位如乘 十一至十九可於十後加零 而十卽一也 何二十一至九十一不可於身前用因乎

四曰相乘 實位居上 法位居下 以法尾頂實首位〔非頂首位是頂所乘位也〕 詳尾位之數以定其實 法實相因〔言十過法身言如對法身臨了就實身〕

五曰重乘 乘位繁者約爲二段 作二次乘之 庶幾位簡而易乘自可無誤也 相乘與定位 各從本法〔如六十三爲法 先以九約 又以七約 得一乘之〕

六曰損乘 卽下乘也〔上乘以生數 下乘卽損數〕 術曰九乘者損一〔十去其一卽九〕 八乘者損二〔十去其二卽八〕 七乘者損三〔十去其三卽七〕 六乘者損四

五乘者折半〔折半卽是損五〕四乘者損六 三乘者損七 二乘者損八 幷自末位求起 卽下乘也 是反用九歸之術 定位如乘

☞ 역자 주: 상승육법의 여섯 가지를 설명하면 다음과 같다.

1. 단인: 승수가 한 자리인 경우의 곱셈이다. 또는 $a=n\times10^m$ $(1\leq n\leq9)$일 때 한 자리 수 n만 곱하고 m에 의해 자리 수를 결정하는 경우나 $\frac{1}{2}=\frac{5}{10}$, $\frac{1}{25}=\frac{4}{100}$, $\frac{1}{125}=\frac{8}{1000}$을 이용하여 2, 25, 125로 나누는 대신 각각 5, 4, 8을 곱하고 자릿수를 결정하는 것도 포함한다.
2. 중인: 두 자리 이상의 승수를 한 자리 수의 곱으로 바꾸어 계산하는 것이다. 예컨대 $63(=7\times9)$를 곱할 때 7을 곱한 다음 9를 곱하거나 48 $(=6\times8)$을 곱할 때 6을 곱한 다음 8을 곱하는 것 등이다.
3. 신전인: 신외가법과 반대로 승수의 끝자리가 1인 경우, 윗자리 수들의 곱만 계산하는 것이다. 예컨대 $43\times91=(43\times90)+43$으로 계산한다.
4. 상승: 두 자리 이상의 곱셈이다. 처음에 실의 첫째 자리와 법의 끝자리를 맞추어 계산하고 다음 법을 물려 그 끝자리를 실의 곱하는 자리에 놓고 계산한다.
5. 중승: 중인과 마찬가지로 계산하는데, 더 일반화한 것으로 승수의 인수들이 두 자리 이상이 되는 경우이다. 예컨대 다음과 같이 계산한다.
   $38367\times23121=38367\times(63\times367)=38367\times(9\times7\times367)$
6. 손승: [11-3]의 '인손일체도'에서 보는 바와 같이, '九因者損一'이므로 9를 곱할 때 $9=10-1$을 이용하여 자리를 옮기고(즉 10) 1배만큼 빼는 방법이다. 마찬가지로 $8=10-2$, $7=10-3$, …을 이용하면 8, 7, …을 곱할 때 자리를 옮기고 2배, 3배, …만큼 빼면 된다.

〔11-2〕 변인승손삼법즉일(辨因乘損三法則一)[94]

〈지남산〉[95]에 말하기를, 여러 자리 수를 곱할 때는 승법이라 하고〔두 자리, 세 자리 이상〕 한 자리 수를 곱할 때는 인법이라 하고〔한 자리〕 손법이라고도 한다〔한 자리〕. 특히 세 자리의 법을 한 자리의 실에 곱하

94) 인법, 승법, 손법의 세 가지가 결국 하나라는 뜻이다.
95) 황용음(黃龍吟)의 <산법지남(算法指南)>(1604)을 말한다.

는 승법은 한 자리의 실을 세 자리의 법에 곱하는 인법으로 생각하지 않을 수 없다. 이것을 안다면 인법과 승법은 처음에는 서로 다를 바 없다. 옛날 사람들이 상승이라 하여 법과 실이라는 두 글자를 서로 같이 썼다는 여러 가지 증거가 있다. 또 말하기를 위에서 계산하여 얻은 것은 인법이라는 이름으로 곱하는 것이고〔1을 9에 곱하는 것은 인이라 말한다. 또 입으로 외우는[96] 것은 인이라 한다.〕 아래에서 손법으로 계산하여 얻은 것도 역시 승법이라고 하였다. 〔10에서 1을 잃으면 9이다. 10은 바로 1이다.〕 이와 같이 인법과 손법은 바로 승법의 이름을 바꾼 것이다. 〔수를 낳는 것은 인법의 이름으로 곱하는 것이고, 수를 물리치는 것은 손법의 이름으로 곱하는 것이다.〕

指南算曰 衆位名乘〔兩位三位以上〕 單位名因〔一位〕 名損〔一位〕 殊不思三位法乘一位實 仍是一位實因三位法 知此而 因與乘初無異也 古人立相乘二字法實通用尤爲有證 又曰上生出者名因爲乘 〔以一乘九謂之因 又曰口誦者爲因〕 下損出者亦爲乘 〔十損一得九 十卽一〕 如此 因與損卽乘之易名也〔生數爲因名乘 退數爲損名乘〕

☞ 역자 주: 인법은 한 자리 수의 곱셈을, 승법은 여러 자리 수의 곱셈을 말한다. 그러나 한 자리 수의 실과 세 자리 수의 실을 곱할 때, 법을 위주로 하면 승법이고 실을 위주로 하면 인법이므로 서로 통하는 것이다. 곱셈에 대한 교환법칙과 관련한 언급으로 볼 수 있다.

〔11-3〕 인손일체도(因損一體圖)

損一	○	九	八	七	六	五	四	三	二	一	九因
損二	○	○	八	七	六	五	四	三	二	一	八因
損三	○	○	○	七	六	五	四	三	二	一	七因
損四	○	○	○	○	六	五	四	三	二	一	六因
損五〔折半〕	○	○	○	○	○	五	四	三	二	一	五因
損六	○	○	○	○	○	○	四	三	二	一	四因
損七	○	○	○	○	○	○	○	三	二	一	三因

96) 구구합수와 같은 구구단을 외우는 것을 말한다.

損八 ○ ○ ○ ○ ○ ○ ○ ○ 二 一 二因

〔11-4〕 증성법(增成法)

〔〈몽계필담〉에 있다.〕

〔이른바 9로 나눌 때 1배를 더하는 것, 즉 익제술이다.〕

산술은 다양한 방법으로 한다. 구일, 상구, 탑인, 중인의 방법은 모두 승제법과 다르지 않으나 오직 증성의 한 가지 방법은 약간 다르다. 그 방법은 승제법을 쓰지 않고 다만 모자라는 수를 더하고 남는 수를 없애면 되는 것이다. 가령 9로 나눌 때 1배를 더하는 것이 바로 이것이고, 8로 나눌 때 2배를 더하는 것이 바로 이것이다. 다만 한 자리 수가 1배한 것이다.

〔出筆談〕

〔所謂九除增一 卽益除之術也〕

算術多門如求一上驅[97] 搭因重因之類皆不離乘除 惟增成一法稍異 其術不用乘除 但補虧就盈而已 如欲九除者增一便是 八除者增二便是 但一位一因之

☞ 역자 주: 증성법에서 생략되어 있는 피제수는 10, 20, 30, …, 90이다. 9로 나눌 때는 몫 자체가 나머지가 되며, 8로 나눌 때는 몫의 2배가 나머지가 되는 다음의 상황을 말하는 것이다.

$$\frac{10}{9}=1+\frac{1}{9},\ \frac{20}{9}=2+\frac{2}{9},\ \cdots,\ \frac{n\times 10}{9}=n+\frac{n}{9}$$

$$\frac{10}{8}=1+\frac{2}{8},\ \frac{20}{8}=2+\frac{4}{8},\ \cdots,\ \frac{n\times 10}{8}=n+\frac{2n}{8}$$

〔11-5〕 상제이법(商除二法)

그 하나, 실이 크고 법이 작을 때의 방법을 말한다. 나가는 비율을 실로 하고 구하는 비율을 법으로 한다. 법, 상, 실을 구구합수를 불러 10을 말하면 법을 넘고, 여를 말하면 법에 대한 수를 제한다.

97) <몽계필담> 제18권 기예(技藝)에 있는 원래 자는 驅이다.

그 둘, 실이 작고 법이 클 때의 방법을 말한다. 법을 바꾸어 실로 하고 실을 바꾸어 법으로 한다. 법, 상, 실을 구구합수를 불러 10을 말하면 법을 넘고 여를 말하면 법에 대한 수를 제한다.

자리를 정하는 두 가지 방법, 물건의 값을 법으로 하고 물건의 수를 구할 때는 법의 머리 수로 실을 정한다. 물건의 수를 법으로 하고 물건의 값을 구할 때는 법의 끝을 따라서 가리키는 바에 얻는 것을 정한다.

其一 實多法少術曰 置出率爲實 以求率爲法 以法商實命九九合數 言十過法身 言如對法身除之

其二 實少法多術曰 易法爲實 易實爲法 以法商實命九九 言十過法身 言如對法身除之

定位二法 以價爲法 求物數者 以法首之數定實 以物數爲法 求價者 隨法尾所指處定爲所得

〔11-6〕 가법오술(加法五術)

첫째, 가일위이다. 갖고 있는 물건의 수를 실로 하고 몸으로 한다. 법의 첫째 자리의 수로 구하고자 하는 수를 정한다. 물건 값의 1 다음의 일의 자리의 수를 몸 뒤에 더한다. 10을 말할 때는 그 자리에 놓고, 여를 말할 때는 다음 자리에 놓는다.

둘째, 가이위이다. 갖고 있는 물건의 수를 실로 하고 몸으로 한다. 법의 첫째 자리 수로 구하고자 하는 수를 정한다. 알고 있는 물건 값의 1 다음 두 자리 수를 실의 몸 뒤에 둘째 자리를 먼저 더한다. 10을 말하면 다음 자리에 놓고, 여를 말하면 한 자리 떨어져 더한다. 다음에 첫째 자리를 더한다. 여를 말하면 다음 자리에 놓고, 10을 말하면 자기 자리에서 계산하여 구한다.

셋째, 중가제법이다. 문제의 법이 복잡하면 분해하여 가일위를 이용한다. 더하는 셈이 끝나면 다시 더하고 자리 정하는 것은 본래의 방법에 의한다. 〔195와 같이 이것을 법으로 하면 13과 15를 서로 곱한 수이므로 먼저 가3하고 다시 가5한다.98)〕

넷째, 가격위이다. 실의 수를 놓아 몸으로 하고 법의 첫째 자리 수로

98) 결국 가법에서 가3(加三)이나 가5(加五)란 실제로는 13과 15를 곱하는 것을 의미한다.

10을 말하면 몸 뒤에 놓고, 여를 말하면 한 자리 건너서 수를 더한다. 〔107을 법으로 할 때와 같이 이것은 100 아래 한 자리 비어 있으므로 한 자리 건너서 가7한다.〕

다섯째, 연신가이다. 가일위와 같이 먼저 더한 다음에 본 수를 더한다. 자리 정하는 것은 가법에서와 같다. 〔23을 29에 곱할 때와 같이 먼저 3을 더하고 바로 9를 입신한다. 이것은 바로 실의 둘째 자리이다. 또 3을 더한 다음 2를 입신한다. 이것은 바로 실의 첫째 자리이다. 법의 첫째 자리가 2인 수들은 이 방법을 쓴다.〕

一曰 加一位 所有物數爲實爲身 以法首之數定爲得數 以所求物價一後零數於身後加之 言十當身布起 言如次身求之

二曰 加二位 所有物數爲實爲身 以法首之數定爲所得數 以所求物價一後二位零數 於實身後先加第二位 言十次身布 言如隔位加 却加第一位 言如次身置 言十起 當身求之

三曰 重加題法 繁者約之 用加一位之法 加訖重加 定位幷依本法〔如一百九十五爲法 是一十三與一十五相乘之數 故先加三又加五也〕

四曰 加隔位 置實數爲身 以法首言十身後布起 言如隔位加零〔如一百0七爲法 是一百下隔空位而加七也〕

五曰 連身加 如加一位之法 先加零數而後入身數 定位如加〔如二十三乘二十九 先加三續入身九 此卽實之次位也 又加三次入身二 此則實之首位也 凡法首二數者乃用此法〕

☞ 역자 주: 가법오술은 신외가법에 대한 설명이다. $10+n$을 곱하는 것을 '加n'이라 한다. 이때 용어 '加'를 곧이곧대로 더하는 것으로 생각해서는 안된다.

· 가일위는 [8-2-1]의 11과 같이 승수가 첫째 자리 1의 두 자리 수인 경우이다.

· 가이위는 [8-2-2]의 185와 같이 승수가 첫째 자리 1의 세 자리 수인 경우이다.

· 가격위는 107과 같이 승수가 1로 시작하되 중간에 0이 들어가는 수인 경우이다.

· 중가제법은 195($=13\times15$))를 곱할 때 가3, 가5로 계산하는 것이다.

· 연신가는 승수가 21～29일 때의 계산을 가일위로 고쳐 계산하는 것으로 예컨대 $29\times23=29\times(13+10)=(29\times13)+(29\times10)$으로 생각하여 먼저 '가3' 한 다음 2와 9를 각각 자리에 맞춰 실에 더하는 것이다.

〔11-7〕 감법사술(減法四術)

첫째, 감일위이다. 내는 돈의 액수를 실로 하고 문제에서 구하는 바 1 다음의 수를 법으로 하여 실의 첫째 자리 수에 따라서 몸을 만들어 수를 뺀다. 10을 말하면 그 자리에서 뺀다. 자리 정하는 것은 상제와 같다. 여를 말하면 다음 자리에서 뺀다.

둘째, 감이위이다. 내는 돈의 액수를 실로 하고 몸으로 한다. 문제에서 구하는 바 1 다음의 두 자리 수를 실의 첫째 자리 수에 따라서 몸을 만들어 수를 얻어 둘째 자리부터 먼저 뺀다. 10을 말하면 다음 자리에서 곱한 것을 빼고, 여를 말하면 한 자리 건너서 뺀다. 첫째 자리에서 빼고자 하면, 여를 말하면 다음 자리에서 곱한 것을 빼고, 10을 말하면 실에서 나눈다. 자리 정하는 것은 상제와 같다.

셋째, 중감제이다. 문제의 자리 수가 복잡할 때는 분해하여 두 번에 나누어 뺀다. 혹은 세 번에 뺀다. 자리 수를 간단히 하여 빨리 셈하는 것은 본 자리를 정하는 데 방해가 안 된다. 〔구귀법이나 귀제법에는 간편한 방법이 있다. 25를 법으로 할 때 먼저 5귀법을 쓰고 정리한 다음 다시 5귀법을 쓰면 된다. 이것은 5·5는 25이기 때문이다.〕

넷째, 격위감이다. 실의 수를 놓아 몸으로 하고 법으로 실을 나눌 때 10을 말하면 몸 아래에서 빼고, 여를 말하면 한 자리 건너 뺀다.

一曰 減一位 以出錢數爲實 以所求題一後零數爲法 從實首位存身數減零 言十當身減之 定位如商除 言如次身減之

二曰 減二位 所有物數爲實爲身 以所求物價[99]一後二位零數 從實首位存身得數 先減第二位 言十次身減積 言如隔位退如卻減第一位言如次身減積 言十就實除之 定位如商除

三曰 重減除 題位繁者約之作兩次減或三次減 位簡必捷不妨本位定位〔凡九歸歸除有截法 如當用二十五爲法 則先用五歸寄位 更用五歸得所求 蓋五五二十五故也〕

四曰 隔位減 置實數爲身 以法命實 言十身下減 言如隔位退零

99) 所有物數爲實爲身以所求物價는 以出錢數爲實以所求題로 고쳐야 한다.

위로 곱하는 것은 신전인 및 상제에서 물건으로부터 값을 구할 때이고, 법의 끝자리 수가 실을 정한다.

아래로 곱하는 것은 가법, 감법, 손법 및 상제에서 값으로부터 물건을 구할 때이고, 법의 첫째 자리 수가 실을 정한다.

위로 곱하는 것은 상제용이고 여를 말하면 자기 자신에, 10을 말하면 자기 자신보다 윗자리에 놓는다.

아래로 곱하는 것은 가감용이고 10을 말하면 자기 자신에, 여를 말하면 한 자리 아래에 놓는다.

구귀법에서 법의 첫째 자리가 10이면 실은 위에서 100으로 정해지고 법의 첫째 자리가 100이면 실은 위에서 1000으로 정해진다.

上乘身前因及商除物求價 幷法尾之數定實
下乘加減損幷商除價求物 幷法首之數定實
上乘商除用 言如對身言十過身
下乘加減用 言十當身言如下布
九歸 法首是十實上定百 法首是百實上定千

☞ 역자 주: 감법사술은 가법오술의 가일위, 가이위, 가격위, 중가의 역연산을 이용한 나눗셈 방법으로서, 각각에 대응하여 감일위, 감이위, 격위감, 중감이라 칭하는 신외감법을 말한다. 가법오술은 곱셈의 계산 과정을 상당히 간편하게 해주는 데 반해 감법사술은 몫을 계산하는 데 별로 도움이 되지 않고, 다만 몫을 추정하여 이를 제수와 곱하여 실에서 빼는 과정에서 앞서의 가법오술 덕분에 곱셈이 편리한 것이 핵심이다. 따라서 몫을 계산하는 실제적인 방법으로서 귀제법이 도입되었는데 이는 주산 계산법에 그대로 적용되어 최근까지도 상업 교과서에 그 내용이 남아있었다.

〔11-8〕 구귀상설(九歸詳說)

한 자리 수를 법으로 하여 나눌 때 바로 구귀법을 대신 쓴다. 만약 두 자리, 세 자리 수로 나눌 때는 귀법을 이리저리 인용하여 쓴다. 지금 사람들이 첫째 자리에서는 귀법을 쓰고, 둘째 자리와 셋째 자리에서는 상제법을 쓰는 것은 바로 한 문제를 두 가지 방법으로 다루는 것이다. 〔양휘는 여기에 관하여 노래말을 만들었다. '83으로 나눌 때는 바로 1을 보면 아래에 17을 놓고, 2를 보면 아래에 34를 놓아라'[100]와 같은 따

위다.]

一位爲法爲除 則用九歸代之 若兩三位商除自合伸引歸法取用 今人以第一位用歸 以第二位第三位仍用商除 是一題涉二法也〔輝作歌括 八十三歸則見一下十七 見二下三十四之類〕

〔11-9〕 구귀신괄(九歸新括)

〔옛날 글귀에 주석을 넣어 모두 지금까지 전해온다.〕

나누는 수는 10이 되는 것을 구하고〔9로 나눌 때 9를 만나면 10이 되는 따위〕, 나눈 나머지는 스스로 위에 더한다. 〔9로 나눌 때 1을 보면 1을 놓는 따위〕 반은 5가 되어 계산한다. 〔9로 나눌 때 45를 보면 5가 되는 따위〕 자리 정함은 물러서도 차이는 없다.[101] 〔상제에서 말 위에 섬을 정하는 것은 지금 섬 위에 10을 정하는 것이다.〕

〔以古句入註兩存之〕

歸數求成十〔九歸遇九成十之類〕 歸餘自上加〔九歸見一下一之類〕 半而爲五計〔九歸見四五作五之類〕 定位退無差 〔商除於斗上定石者 今石上定十〕

100) 1을 본다거나 2를 본다는 것은 피제수의 첫째 자리가 각각 1과 2인 경우를 말한다. 따라서 100과 200을 각각 83으로 나눈 나머지 17과 34를 쓰는 것을 말한다.

101) 4.5÷9=0.5에서 4.5가 9의 반이고 그 몫이 0.5이므로 자리 정하는 것만 주의해야 함을 언급한 것이다.

[12] 낙서구궁산송(洛書九宮算頌)

금은 작, 목은 홉, 수는 되가 되고
화는 말, 인은 섬, 토는 10말이다.
의는 마땅히 10섬이고 예는 100이다.
지는 천, 신은 만, 건은 억의 수이다.
〔가령 산대 15매를 세어서 15자를 쓴다. 구궁의 칸 위에서 겹쳐 익혀서 오랫동안 익숙해지면 손바닥에 넣어서 한다. 비록 1작, 1홉이라도 1궁의 칸에 놓는다. 나머지도 이와 같다.〕

(4)금 (9)금 (2)화
(3)목 (5)토 (7)화
(8)목 (1)수 (6)수

(금) (인) (건)
(목) (의) (곤)
(수) (예) (일)
(화) (지) (월)
(토) (신) (성)

모두 15자를 각각 1매에 새긴다. 나무나 뼈로 산대를 대신한다. 모두 15매이다.

金勺木合水爲升 火斗仁石土十斗 義當十石禮當百 智千信萬乾億數
〔假令算十五枚 書十五字 習于九宮局上 久久熟之 乃加于手掌行之 雖一勺一合皆置一宮 餘倣此〕

(四)金 (九)金 (二)火
(三)木 (五)土 (七)火
(八)木 (一)水 (六)水

(金) (仁) (乾)
(木) (義) (坤)
(水) (禮) (日)
(火) (智) (月)
(土) (信) (星)

凡十五字各刻一枚 或木或骨以代算 共十五枚

☞ 역자 주: 이 수의 배열은 황하의 상류인 낙수(洛水)에서 거북의 등 위에 찍힌 점에서 발견되어 고대로부터 신성시되었다는 다음과 같은 낙서(洛書)를 따른 것이다.

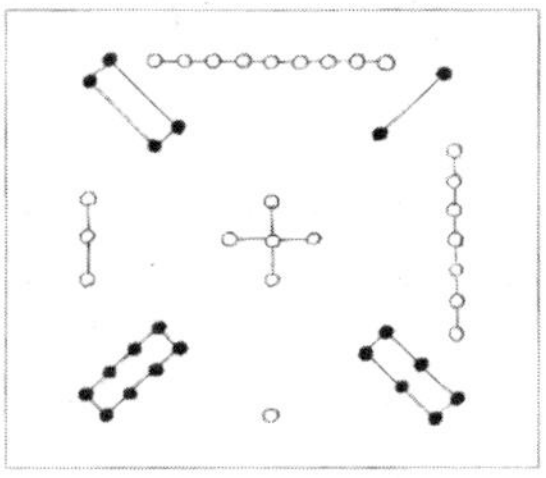

〔12-1〕 석두량(石斗量)
낙수에서 나온 거북의 등 위의 점을 셀 때
차례로 돌아오는 수를 가히 알겠도다.
말(斗)은 처음부터 끝까지 화와 토를 가리키고
섬(石)의 양이 많고 적음은 의와 인으로 안다.
수는 되(升), 목은 홉(合)을 나타내고 금은 작(勺)이다.
예는 백, 지는 천이고, 신은 만이로다.
억조 건곤은 광대하여 해와 같이 만나고
달은 깎이고 별은 큰 절 같이 많으니 의심없다.
〔1은 시작이다. 10은 끝이다. 화는 1말이고 토는 10말이다. 이하 이와 같다. 적은 것은 1이고 많은 것은 10이다. 인은 1섬이고 의는 10섬이다. 이하 이와 같다.〕
洛龜背上點籌時 次第回環數可知
斗指始終火土見 石量多少義仁推
水升木合金爲勺 禮百智千信萬之
億兆乾坤兼日會 月刪星刹更無疑
〔始一也 終十也 火一斗 土十斗也 下倣此 少一也 多十也 仁一石 義十石也 下倣此〕

〔12-2〕 전결해(田結解)
낙서는 어찌하여 섬의 양으로 통하는가
발이 한번 갈라지면 구궁이요
부는 항상 화와 토 위에 있고
결의 많고 적음은 의와 인 가운데에 있다.

수는 파요, 목은 속이요, 금은 푼으로 다르고
예는 백, 지는 천, 신은 만과 같다.
억조건곤은 광대하여 해와 같이 만나고
달은 깎아지고 별은 큰 절같이 많아 의심 없다.
〔巴는 把의 약자이다. 10푼은 속이고 10속은 파이고 10파는 부이고 10부는 결이다. 화는 1부이고 토는 10부이다. 인은 1결이고 의는 10결이다.〕

洛書奚但石量通 一解田疇步九宮
負者始終火土上 結兮多少義仁中
水巴木束金分異 禮百智千信萬同
億兆乾坤兼日會 月刪星刹數無窮
〔巴把字省文 十分爲束 十束爲把 十把爲負 十負爲結 火一負土十負也 仁一結義十結也〕

13 일장금도(一掌金圖)

〔〈지명산법〉 및 〈산법통종〉에 있다.〕〔出指明算法及算法統宗〕

왼손 다섯 손가락은 산판의 다섯 자리와 같다.
1, 2, 3은 오른쪽 손가락 끝, 왼쪽 손가락의 왼쪽 가에 있고
4, 5, 6은 오른쪽 손가락 끝, 왼쪽 손가락의 가운데 열[102]에 있고
7, 8, 9는 오른쪽 손가락 끝, 왼쪽 손가락의 오른쪽 가에 있다.

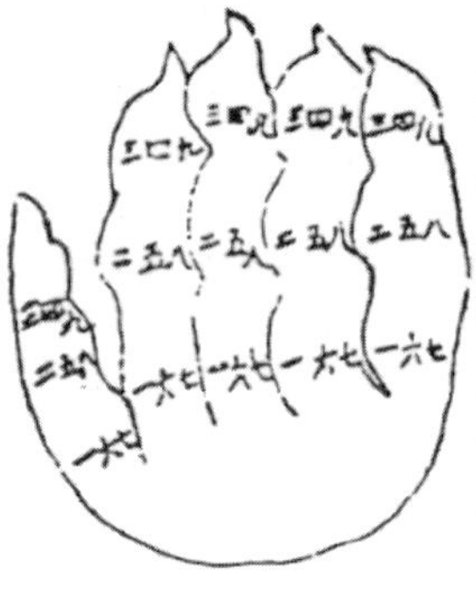

오른쪽 그림에서 아홉 개의 수를 왼손의 손가락마다 세 열로 배열한다. 왼쪽 가에서 위로 거슬러 올라가면서 1, 2, 3으로 하고, 가운데에서는 아래로 내려오면서 차례로 4, 5, 6으로 하고, 오른쪽 가에서는 위로 거슬러 올라가면서 7, 8, 9로 한다. 이와 같이 다섯 손가락에 수의 자리를 정한다. 엄지손가락은 백으로 하고, 둘째 손가락은 10으로 하고 가운데 손가락은 냥으로 하고 넷째 손가락은 전으로 하고 다섯째 손가락은 푼으로 하여 혹시 수의 크고 작음[103]이 있으면 역시 변할 수 있다. 셈할 때 남몰래 소매 속에서 왼쪽 오른쪽 양손을 써서 다섯 손가락의 각 손가락에 손가락마다 배열되어 있는 수를 서로 대조한다. 다섯 손가락은 같이 일을 하니 틀림없어야 한다. 가령 왼쪽 오른쪽 두 손을 서로 합하여 가운데 손가락 오른쪽 아래에 있는 7을 꺼냈을 때 만약 잘못하여 넷째 손가락 왼쪽에 있는 1을 꺼냈다면 앞의 수는 7이고 뒤의 수는 1이니 이것은 오차가 적지 않다. 마땅히 신중히 하여야 한다. 이 법은 승법과 제법을 불구하고 모두 쓸 수 있다.

左手五指如算盤五位
一二三右指尖在左指左傍
四五六右指尖在左指中行

102) 당시 숫자 또는 산대 배열에서 세로줄을 行이라 일컫지만, 오늘날의 行·列 의미에 따라 '열'로 번역한다.
103) 수의 대소 관계가 아니라 냥, 전, 푼과 같이 대수와 소수에 따른 자릿값의 변화가 가능함을 말한다.

七八九右指尖在左指右傍

右圖以九數置左手每指列爲三行 左邊逆上一二三 中間順下四五六 右邊逆上七八九 以五指而定位數 大指爲百 二指爲十 中指爲兩 四指爲錢 五指爲分 或數有大小亦可權變 算時暗於袖中用左右兩手 五指各指配合相對照每指上定數 五指皆同務記精白 假如左右兩手相合 搯在中指右下爲七 若錯記在四指左爲一 此是以前位七而降後位一數 差誤非小 宜愼記之 此法不拘乘除皆可用也

〔13-1〕 수리금(袖裏金)

〔역시 장중정위법이라고도 한다. 〈산법통종〉에 있다.〕

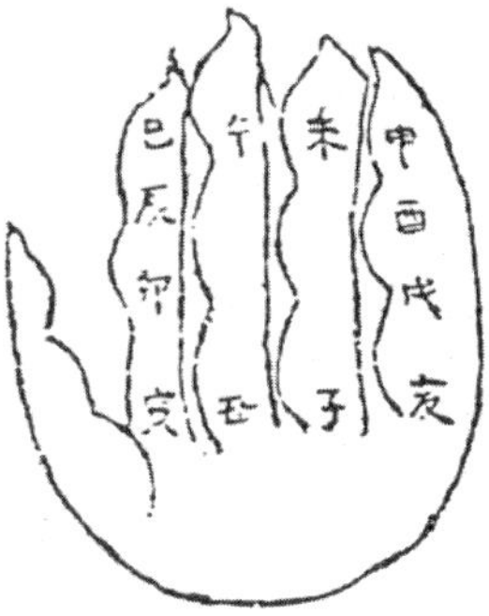

장중정위법은 참으로 기특하다.
인으로부터 주로 하고 이것이 뿌리이다.
더하고 곱할 때는 순서대로 수가 돌아간다.
빼고 나눌 때는 역의 순서로 되돌아간다.
소수를 곱하고 대수를 나누는 것은 모두 순서대로이고
대수와 소수를 곱하는 것 역시 이와 같다.
곱하는 것, 나누는 것, 대수, 소수가 방식을 따르니
리, 호, 사, 홀의 차이도 없도다.

〔亦名掌中定位法 出統宗〕

掌中定位法爲奇 從寅爲主是根基
加乘順數還而轉 減除逆數順還回
小乘除大皆順數 大乘小數亦如之
乘除大小隨術化 釐毫絲忽不差池

〔13-1-1〕 장중정위인승법(掌中定位因乘法)

가령 밭 311무에서 한 무마다 식량 4되를 할당하여 물린다고 하자. 곱셈을 끝내어 확실히 안다. 먼저 인에서 100무로 시작하고 묘에서 10무, 진에서 1무이다. 무를 되로 바꾸면 역으로 묘에서는 말이 되고, 인에서는 섬이 된다. 또 법과 실의 첫 자리 수를 서로 곱하여 10이 되면 다시 한 자리 나아가서 10섬이다.

假如田三百一十一畝 每畝科粮四升 乘畢莫動 先從寅上起百畝 卯十畝 辰一畝 就以畝變升 回卯得斗寅爲石 又約法實首位相呼成十者 再加一位得十石也

〔13-1-2〕 장중정위귀제법(掌中定位歸除法)

가령 쌀 400섬에서 2섬 5말마다 팔아서 은 1냥을 얻는다면, 쌀의 수를 실로 하고 한 냥 값의 쌀을 법으로 하여 나누면 확실하다. 인에서 100섬으로 시작하고 묘에서 10섬, 진에서 1섬으로 하여 섬이 냥으로 바뀌면 역으로 묘에서는 10냥을 얻고 인에서는 100냥을 얻는다.

다시 쌀 400섬을 은 30냥으로 모두 사들였다면 쌀을 법으로 은을 실로 하여 나누면 확실하다. 인의 위에서 400섬으로 시작하고 묘에서 10섬, 진에서 1섬이고 바꾸어 모두 은 30냥이면 다시 묘로 돌아와 냥을 얻고 인에서 전을 얻는다.

假如米四百石 每二石五斗糶銀一兩 米爲實兩價爲法除之 得數莫動 從寅起百石 卯十石 辰一石 就石變兩 逆回卯上得十兩 寅上得百兩

又如米四百石共糴銀三十兩 米法銀實除之 得數莫動 從寅上起四百石 卯十石 辰一石 變共銀三十兩 複回卯上得兩 寅得錢

☞ 역자 주: [13-1-1], [13-1-2]는 수리금의 둘째 손가락에 적힌 아래의 세 글자 진, 묘, 인에 대해 계산하는 방식을 설명한 것이다. 즉 다음과 같이 인을 중심으로 하여 묘, 진으로 가는 각 단계마다 $\frac{1}{10}$이 된다.

	[13-1-1]			[13-1-2]		
진	1무	→	1되	1섬	→	1냥
	↑		↓	↑		↓
묘	10무		말	10섬		10냥
	↑		↓	↑		↓
인	100무		섬	100섬		100냥

14 난법가(難法歌)

100개의 만두와 100명의 승려가 있다.
대승은 세 개 가져도 아무런 다툼이 없고
소승은 세 사람이 한 개 갖도록 나누어야 한다.
대승은 몇 명이고 소승은 몇 명인가?
一百饅頭一百僧 大僧三箇更無爭 小僧三人分一箇 幾是大僧幾小僧

답: 대승 25명, 해당하는 만두 75개
소승 75명, 해당하는 만두 25개
答曰大僧二十五人 該饅頭七十五箇
小僧七十五人 該饅頭二十五箇

승려 100명〔마땅히 만두 100개〕을 실로 하자. 3개에 1개를 더하여 4개를 법으로 하여 나누면 대승을 얻는다. 〔25명이다.〕 한 사람이 3개 가지므로 3을 곱하면 만두 75개를 얻는다. 승려의 총수〔100명〕에서 대승의 수를 빼면 소승의 수〔75명〕이다. 세 사람으로 나누면 만두 25개를 얻어 문제에 맞다.
置僧一百人〔當云饅頭一百箇〕爲實 倂三箇一箇得四箇爲法除之 得大僧〔二十五人〕以每人三箇因之 得饅頭七十五箇 於總僧〔一百人〕內減大僧 餘爲小僧〔七十五人〕以三人歸之得饅頭二十五箇合問

☞ 역자 주: 이 문제는 오늘날 방정식을 이용하여 쉽게 풀 수 있는 문제이지만 당시 산술적 해법을 이용하여 푼 것이다. [1대승, 3소승]이 4개의 만두를 먹으므로 $100 \div 4 = 25$개의 [1대승, 3소승]이 있다. 따라서 대승 25명, 소승 25×3명이다. 한편 대승 x명, 소승 y명이라 할 때 다음 연립방정식을 세워 풀 수 있다.

$$\begin{cases} x + y = 100 \\ 3x + \dfrac{1}{3}y = 100 \end{cases}$$

〔14-1〕 말과 당나귀가 24마리 있다. 나머지 없이 9말의 쌀을 지고 간다. 말은 5되를 지고 당나귀는 2되를 지면 말은 몇 마리이고 당나귀는

몇 마리인지 모르겠다.
二十四疋馬和驢 支米九斗倂無餘 馬支五升驢支二 不知幾是馬和驢

답: 말 14마리, 해당하는 쌀 7말
당나귀 10마리, 해당하는 쌀 2말
答曰馬十四疋 該米七斗 驢十疋 該米二斗

24마리 모두에 5되를 곱하여 여기서 쌀 9말을 뺀 나머지를 실로 한다. 별도로 5되에서 2되를 뺀 나머지 3되를 법으로 하여 나누면 당나귀 10마리를 얻는다. 또 총수에서 10마리를 빼면 나머지 14마리가 말의 수이다. 각각에 쌀의 수를 곱하면 합당한 답이다.
置共二十四疋以五升乘之 內除原米九斗餘爲實 另以五升減去二升 餘三升爲法除之 得驢十疋 卻於總數內減十疋 餘一十四疋馬數也 各以米數乘之合問

별해: 2되를 24마리에 곱하여 4말 8되를 얻고 이것을 9말에서 빼면 나머지가 4말 2되이다. 5되에서 2되를 뺀 나머지 3되로 나누면 말 14마리를 얻고 24마리에서 빼면 당나귀 10마리를 얻는다.
又術以二升乘二十四疋 得四斗八升 以減九斗 餘四斗二升 以五升二升之較三升除之 得馬十四疋 以減二十四疋得驢十疋

☞ 역자 주: 역시 말과 당나귀를 각각 x, y마리라고 하여 다음 연립방정식을 세워 풀 수 있는 문제이다.

$$\begin{cases} x+y=24 \\ 0.5x+0.2y=9 \end{cases}$$

본문의 풀이 방법은 역시 산술적이다. 24마리 모두를 말이라 하면 쌀을 $24\times0.5=12$말 진다. 실제로 쌀은 9말이므로 그 차이 3말은 당나귀가 말로 취급된 때문이다. 따라서 당나귀 1마리 당의 오차 $0.5-0.2=0.3$으로 나누어 얻은 $\frac{3}{0.3}=10$이 당나귀의 수이다.

한편 별해의 방법은 반대로 모두 당나귀로 생각하여 쌀을 $24\times0.2=4.8$말 진다. 실제로 쌀은 9말이므로 그 차이 4.2말은 말이 당나귀로 취급된 때문이다. 따라서 말 1마리 당의 오차 $0.5-0.2=0.3$으로 나누어 얻은 $\frac{4.2}{0.3}=14$가 말의 수이다.

〔14-2〕 361개의 항아리가 있다. 몇 개씩 나누어 몇 척의 배에 싣는 일을 그대에게 맡기노라. 배마다 항아리의 수는 같아야 하고 배의 수는 배마다 실린 항아리의 수와 같아야 한다.
三百六十一隻缸 任君分作幾船裝 每船不許多一隻 每船不許少一缸

답: 배 19척, 배마다 실은 항아리 19개
答曰船一十九隻 每船裝缸一十九隻

항아리 361개를 실로 하고 배마다 실은 항아리 19개를 법으로 하여 〔19개의 항아리는 상제를 써서 얻은 것이다. 즉 제곱근을 구한 것이다.〕 나누면 배 19척을 얻는다. 이 방법은 개평방법을 써야하므로 독자들이 명확히 이 이유를 알지 염려된다.
置缸三百六十一隻爲實 以每船載一十九缸〔一十九缸須用商得卽開平方也〕爲法除之 得船一十九隻 合問○此法要用開平方法爲是 恐人難明此理故耳

☞ 역자 주: 배의 수를 x라 하면, 한 배에 싣는 항아리의 수도 x, 따라서 전체 항아리의 수는 x^2이 되어 식 $x^2=361$이 성립하고 결국 361의 제곱근을 구하는 것인데, 그 방법인 개평방술에 대한 설명은 생략되어 있다.

〔14-3〕 아낙네가 냇가에서 그릇을 씻고 있다. 집안 잔치에 손님이 몇 분 오셨느냐고 물으니, 답하기를 사람 수는 모른다고 말하고 그릇 수는 분명히 65개이고 두 사람이 한 그릇 밥을 같이 먹고 세 사람이 한 그릇 국을 같이 마시고 네 사람이 고기를 같이 먹어 남은 그릇이 없으니 셈을 벌려 틀림없이 모든 수를 알아내기 바라오. 〔이하 여러 문제는 〈지명산법〉에 있다.〕
婦人洗碗在河邊 試問家中客幾人 答道不知人數目 六十五碗自分明 二人共餐一碗飯 三人共吃一碗羹 四人共肉無餘數 請問布算無差爭〔以下雜錄出指明算法〕

답: 손님 60명, 밥그릇 30개, 국그릇 20개, 고기그릇 15개
答曰客六十位 飯碗三十箇 羹碗二十箇 肉碗一十五箇

풀이: 오른쪽 열에 있는 분모 2명에 3명을 곱하여 6명을 얻고, 다시 4명을 곱하여 24를 얻고, 승법으로 그릇 총수를 곱하면 1560을 얻어 실로 한다. 별도로 2에 3을 곱하여〔왼쪽 아래 1도 곱한다.〕 6을 얻고, 다음 3을 4에 곱하여〔왼쪽 위의 1도 곱한다.〕 12를 얻고, 또 4를 2에 곱하여〔왼쪽 가운데 1도 곱한다.〕 8을 얻어 세 수를 모두 더하면 26이 되어 이것을 법으로 하여 실을 나누면 60명을 얻는다. 각 열에 있는 2로 나누면 밥그릇, 3으로 나누면 국그릇, 4로 나누면 고기그릇을 얻어 문제에 합당한 답이다.
法曰右行分母以二人乘三人得六人 又以四人乘之得二十四 爲乘法以乘總碗得一千五百六十爲實 另以二乘三〔乘左下一〕得六 次以三乘四〔乘左上一〕得一十二 又以四乘二〔乘左中一〕得八 併三位得二十六爲法除實 得六十人 各列二歸得飯碗 三歸得羹碗 四歸得肉碗 合問

손자의 풀이 방법: 12를 65에 곱하고 13으로 나눈다. 〔만약 그릇이 13개이면 사람은 12명이다. 밥그릇이 6개, 국그릇이 4개, 고기그릇이 3개이기 때문이다. 이에 따라서 5로 약분한 것이다.〕
孫子術曰 以十二乘六十五 用十三除之 〔若云一十三碗 則客十二位 飯碗六箇 羹碗四箇 肉碗三箇 是從五約法也〕

☞ 역자 주: 손님의 수를 x라 하면 다음을 얻는다.

$$\frac{x}{2}+\frac{x}{3}+\frac{x}{4}=65$$

$$x=\frac{65\cdot 2\cdot 3\cdot 4}{2\cdot 3+3\cdot 4+4\cdot 2}$$

한편 손자의 풀이법을 보자. 2, 3, 4의 최소공배수 12를 생각하여 사람이 12명이라면 그릇은 밥6, 국4, 고기3으로 총 13개이다. 따라서 그릇이 5배한 65개이므로 사람 역시 12명의 5배인 60명이다.

〔14-3-1〕〈양휘산법〉'합분입호환'에 다음과 같이 있다.

한 부인이 냇가에서 그릇을 씻는다. 마을 관리가 그릇이 왜 이리 많습니까 하고 물었다. 부인이 대답하여 말하기를, 집에 손님이 오셔서 두 사람이 같이 밥을 먹고〔$\frac{1}{2}$〕 세 사람이 같이 국을 먹고〔$\frac{1}{3}$〕 네 사람이 같이 고기를 먹고〔$\frac{1}{4}$〕 이와 같이 하여 그릇 총수가 65개이니 사람 수는 모두 얼마이겠습니까? 라고 하였다.

楊輝算法合分入互換曰 婦人河上蕩杯 津吏問曰杯何多 婦答曰家有客至二人共飯〔二分之一〕 三人共羹〔三分之一〕 四人共肉〔四分之一〕 總用杯六十五隻 問總人

답: 60명

答曰六十人

	분자 왼쪽	분모 오른쪽
12	1그릇	2명
8	1그릇	3명
6	1그릇	4명

분모에 분자를 서로 곱하여 합하면 26그릇이고 2로 나누면 13이다. 분모를 서로 곱하면 24명이고 2로 나누면 12이다.

母互乘子併之二十六杯折半十三 母相乘二十四人折半十二

〔14-4〕 제갈승상은 여덟 명의 장수를 거느리고
장수마다 여덟 개의 군영으로 나누어서
영마다 뒤에 여덟 개의 진을 쳐서
진마다 여덟 명의 선봉이 있다.
선봉 한 사람마다 여덟 명의 기두가 있고
기두마다 여덟 명의 대장으로 이루어지고
대마다 여덟 명의 갑이 있고
갑마다 여덟 명의 병사가 있다.
諸葛統領八員將 每將又分八箇營
每營裏面排八陣 每陣先鋒有八人
每人旗頭俱八箇 每箇旗頭八隊成
每隊更該八箇甲 每箇甲頭八箇兵

답: 19173385명
答曰一千九百一十七萬三千三百八十五人

풀이: 총병[104]은 제갈승상 한 사람이다. 총병을 1로 한다. 8을 곱하여 장수 8명이다. 다시 8을 곱하여 군영의 수 64이다. 다시 8을 곱하여 진지의 수 512이다. 다시 8을 곱하여 선봉 4096명이다. 다시 8을 곱하여 기두 32768명이다. 다시 8을 곱하여 대장 262144명이다. 다시 8을 곱하여 갑 2097152명이다. 다시 8을 곱하여 병사 16777216명이다. 여기에서 군영의 수, 진지의 수를 제외하고, 총병, 장[105], 선봉, 기두, 대장, 갑, 병의 수를 모두 합하여 합당한 답이다.
法曰置總兵一 以八因之得將八員 又八因得營六十四 又八因得陣五百一十二 又八因得先鋒四千零九十六人 又八因得旗頭三萬二千七百六十八人 又八因得隊長二十六萬二千一百四十四人 又八因得甲二百零九萬七千一百五十二人 又八因得兵一千六百七十七萬七千二百一十六人 除營陣不作數 其總兵先鋒旗隊甲兵併之合問

☞ 역자 주: 8배씩 증가하므로 장수, 군영, 진, 선봉, 기두, 대장, 갑, 병사의 수

104) 현재의 총사령관에 해당한다.
105) 본문에는 장(將)이 빠져 있다.

는 차례대로 8, 8^2, 8^3, 8^4, 8^5, 8^6, 8^7, 8^8이다. 이 중 사람의 수만 헤아리고 총병 1명을 더하면 다음과 같다.

$$1+8+\sum_{k=4}^{8} 8^k = 19173385$$

〔14-5〕 큰 딸은 3일에 한 번 집에 돌아오고 가운데 딸은 4일에 한 번 집에 돌아오고 작은 딸은 5일에 한 번 집에 돌아오면 어느 날 서로 만날 수 있는가? 〔〈손자산경〉과 〈양휘산법〉에 있다.〕
長女三日一歸 中女四日一歸 小女五日一歸 問幾何日相逢 〔出孫子○楊輝算法〕

답: 60일
答曰六十日

풀이: 3, 4, 5일의 수를 서로 곱하여 60일이다.
術曰三四五日數相乘得六十日

☞ 역자 주: 3, 4, 5의 최소공배수를 묻는 문제이다.

〔14-6〕 돈 1문이 있다. 날마다 1배 증가하여 30일 동안 많아지면 돈은 모두 얼마인가? 〔〈사경〉에 있다.〕
一文 日增一倍 倍至三十日 問計錢幾何 〔出謝經〕

답: 1073741관 824문
答曰一百七萬三千七百四十一貫八百二十四文

구하는 방법: 8을 10번 곱한다. 〔8을 한 번 곱하는 것은 3일의 수를 계산한 것이다. 8을 10번 곱한 것은 30일의 수를 계산한 것이다.〕
求術以十度八因 〔一度八因起三日數 用十度八因起三十日數〕

별해: 64를 5번 곱한다. 〔64는 6일의 수이다. 다섯 번 곱하면 30일이 된다.〕
又術五度六十四乘之〔六十四乃六日數 五度乘爲三十日〕

별해: 32를 세 번 곱하고 얻은 수를 제곱하면 역시 같다. 〔32를 세 번 곱하면 15일의 수이다. 15일의 수를 서로 곱하면 바로 30일의 수이다. 첫날 2문, 2일 4문, 3일 8문, 4일 16문, 5일 32문, 6일 64문, 7일 128문, 8일 256문, 9일 512문, 10일 1024문, 11일 2048문, 12일 4096문, 13일 8192문, 14일 16384문, 15일 32768문〕
又術以三度三十二乘 出得數自乘亦同〔三度三十二乘 乃得十五日數 以十五日數相乘 卽三十日數也○初日二文 二日四文 三日八文 四日十六文 五日三十二文 六日六十四文 七日一百二十八文 八日二百五十六文 九日五百一十二文 十日一千二十四文 十一日二千四十八文 十二日四千九十六文 十三日八千一百九十二文 十四日一萬六千三百八十四文 十五日三萬二千七百六十八文〕

☞ 역자 주: 전날보다 1배 증가한다는 것은 곧 2배가 된다는 것이므로 30일 후의 돈인 2^{30}을 구하는 문제이다. 다음의 세 가지 방법으로 푼 것이다.

$$2^{30}=(2^3)^{10}=8^{10}$$
$$2^{30}=(2^6)^5=64^5$$
$$2^{30}=((2^5)^3)^2=(32^3)^2$$

〔14-7〕 첫날에 돈 3전이 있다. 이후 매일 전날보다 3배가 된다면 한 달에 얼마인가?
初日三錢 以後每日遞作三倍 問一月計若干

답: 205891132094관 649문
答曰二千五十八億九千一百一十三萬二千空九十四貫六百四十九文

풀이: 첫날 돈 3전을 다섯 번 제곱하는 방법을 쓴다. 3을 제곱하면 9

이다. 〔첫 번째 제곱. 바로 제2일의 돈의 수〕 9를 제곱하면 81이다. 〔두 번째 제곱. 바로 제4일의 돈의 수〕 81을 제곱하면 6관 561문이다. 〔세 번째 제곱. 바로 제8일의 돈의 수〕 다시 네 번째 제곱하면 4346관 721문이다. 〔바로 제16일의 돈의 수이다.〕 다시 제곱하면 1853020188851관 841문이다. 〔바로 제32일 돈의 수이다.〕 이제 제2일의 돈의 수 9로 나누면 바로 얻는 수가 제30일의 돈의 수인 답이다.

術曰置初日三錢用五度自乘 三自乘得九〔初自乘○卽第二日錢數〕 九自乘得八十一〔再自乘○卽第四日錢數〕 八十一自乘得六貫五百六十一文〔第三自乘○卽第八日錢數〕 又第四次自乘得四萬三千四十六貫七百二十一文〔卽第十六日錢數也〕 又自乘得一萬八千五百三十億二千一十八萬八千八百五十一貫八百四十一文〔卽第三十二日錢數也〕 乃以第二日錢數九而一 卽得所答之數是第三十日錢數也

☞ 역자 주: 제1일의 돈 3전이 3배씩 증가할 때 제30일의 돈의 액수인 3^{30}을 구하는 것으로, $((((3^2)^2)^2)^2)^2 = 3^{32}$를 계산하여 제32일의 액수를 얻은 다음 3^2으로 나누어 구한 것이다. 즉 $3^{30} = \dfrac{3^{32}}{3^2}$을 이용한다.

별해: 3을 네 번 제곱하고 3으로 나누면 14348관 907문이 되어 이것이 제15일의 돈의 수이다. 제곱하여 얻는 수가 30일의 돈의 수이다. 제32일의 돈의 수를 실로 하고 제2일의 돈의 수를 법으로 하여 나누면 바로 제30일의 돈의 수를 얻는다. 이미 알고 있는 돈의 수로 나누면 바로 날의 수를 스스로 감하기 때문이다. 〔첫날 3전, 2일 9전, 3일 27전, 4일 81전, 5일 243전, 6일 729전, 7일 2관 187전, 8일 6관 561전, 9일 19관 683전, 10일 59관 49전, 11일 177관 147전, 12일 531관 441전, 13일 1594관 323전, 14일 4782관 969전, 15일 14348관 907전〕 이제까지 본 바와 같이 제1일에 3전이 한 번 제곱하여 제2일의 9전이 되고, 두 번 제곱하여 제4일의 81전이 되고, 세 번 제곱하여 제8일의 6관 561전이 되고, 네 번 제곱하여 제16일의 43046관 721전이 되어 실로 하고, 제1일의 3전을 법으로 하여 나누면 바로 제15일의 돈의 수를 얻는다. 돈의 수를 이미 알고 있는 날의

돈의 수로 나누면 바로 날 수가 저절로 감하기 때문이다.

又術以三凡四次自乘用三除 餘得一萬四千三百四十八貫九百空七文 乃第十五日錢數 自乘亦合其數 得三十日錢數 置第三十二日之錢爲實 以第二日之錢爲法而一 則得第三十日之錢 蓋錢旣除 則日自減〔初日三錢 二日九錢 三日二十七錢 四日八十一錢 五日二百四十三錢 六日七百二十九錢 七日二貫一百八十七錢 八日六貫五百六十一錢 九日一十九貫六百八十三錢 十日五十九貫空四十九錢 十一日一百七十七貫一百四十七錢 十二日五百三十一貫四百四十一錢 十三日一千五百九十四貫三百二十三錢 十四日四千七百八十二貫九百六十九錢 十五日一萬四千三百四十八貫九百空七錢〕○ 右以第一日三錢一次自乘得第二日九錢 二次自乘得第四日八十一錢 三次自乘得第八日六貫五百六十一錢 四次自乘得第十六日四萬三千空四十六貫七百二十一錢爲實因 用第一日之三錢爲法而一 則得第十五日之錢數 蓋錢數旣除而得 則日數自減而得耳

☞ 역자 주: 다음과 같이 구한 것이다.

$$3^{30} = \left(\frac{(((3^2)^2)^2)^2}{3} \right)^2$$

15 비례사율(比例四率)

〔〈산학계몽〉〕〔啓蒙〕

〔비례사율의 구별은 처음 서양에서 시작되어 〈동문산지〉나 〈수리정온〉 책에서 그것을 일컫는다. 그러나 옛날 수학에서 법과 실의 두 수가 이미 사율을 포함하고 있다는 것을 연구하여 보면 알 수 있다. 이하에 있는 이승동제와 동승이제, 별도로 있는 동승동제, 이승이제, 이승동승, 이제동제의 여섯 가지 방법은 둘씩 상대가 되어 〈수리정온〉이나 〈산법통종〉 등 여러 책에서 볼 수 있다.〕

〔比例四率之別 始自西洋而 同文算指數理精蘊因而名之 然古法所謂法實二位已包四率 推究可見◯以下異乘同除也 同乘異除也 別有同乘同除也 異乘異除也 異乘同乘也 異除同除也 共六法者 兩兩相對 散見精蘊統宗諸書〕

☞ 역자 주: <구장산술>에서는 금유술(또는 특별한 경우로서 경률술)이라 하여 결국 삼수법에 의한 비례식 풀이를 뜻한다.

今有術曰 以所有數乘所求率爲實 以所有率爲法 實如法而一.

즉 소유율 : 소유수 = 소구율 : 소구수에서 소유수와 소구율을 곱하여 실로 하고 소유율을 법으로 하여 실을 법으로 나눈다. 즉, 소구수 $=\dfrac{\text{소유수}\times\text{소구율}}{\text{소유율}}$로 구하는 것이다. 오늘날의 표현으로 하면 $a:b=c:d$에서 $d=\dfrac{bc}{a}$이다. 본문에서는 비례식의 네 항을 순서대로 각각 1률, 2율, 3률, 4율이라 칭한다.

이와 같이 비례식의 풀이법이 1세기경의 중국 산학서에서 등장하는 사실에 기초할 때, 저자가 주에서 그 근원을 서양에서 시작된 것으로 설명한 것은 수정을 필요로 한다.

〔15-1〕 이승동제(異乘同除)

〔이 이승동제는 달리 정비례, 준칙, 순단이라고도 불린다. 동승이제와 더불어 상대이다.〕

이승동제법은 어떠한 것인가?

예를 들자면 물건을 사고 팔고 돈이 오고 가는 것.
먼저 원래 돈을 놓고 물건을 곱하고 원래 물건을 법으로 하여 나눈다.
돈으로 물건을 사고 서로 곱할 때 백리 천근도 이러한 류에 따른다.
계산하는 사람이 마음 써서 잘 한다면 1사 1홀도 틀림이 없다.
〔원래 돈은 바로 지금 가진 돈이다. 물건이 있다는 것은 쌀이나 혹은 다른 물건이다. 원래 돈을 물건에 곱하고 원래 물건으로 나누면 해당하는 돈을 얻는다. 〈상명산법〉 하권에 있으나 처음이 없어져서 지금 여기에 보충하여 첨가하였다. 다만 그 소리나는 대로 적어서 간단히 썼다.〕
〔此異乘同除亦名正比例 亦名準測 亦名順單 與同乘異除相對〕
異乘同除法何如 物買錢來做例兒
先下元錢乘只物 卻將元物法除之
將錢買物互乘取 百里千斤以類隨
算者留心能善用 一絲一忽不差池
〔元錢卽今有錢也 只有物或米或他物也 以元錢乘只有物 卻以元物除得該錢 ◯出詳明下卷初闕 今添補于此 皆只錄其韻語取約而盡也〕

〔15-1-1〕 지금 돈이 9관 879문 있다. 이 돈으로 쌀을 5섬 3말 4되 산다. 〔돈이나 물건, 또는 그 밖의 것으로 쌀을 사는 것을 모두 적(糴)이라 한다.〕 그러나 쌀이 다만 36섬 9말 있으면 값은 얼마인가?〔〈산학계몽〉에 있다. 〈상명산법〉에도 역시 있다. 이승동제는 이미 위에서 보았으나 불확실하므로 지금 여기에서 이 예를 든다.〕
今有錢九貫八百七十九文 糴〔以錢以物凡買米者幷曰糴〕米五碩三㪷四升 只有米三十六碩九㪷直錢幾何 〔出啓蒙◯詳明亦出 異乘同除已見上而不分曉故今以此條引錄〕

답: 68관 265문 〔4율〕
答曰六十八貫二百六十五文 〔四率〕

다만 있는 쌀〔3률〕에 지금 가진 돈〔2율〕을 곱하여 실로 하고 지금 살 수 있는 쌀〔1률〕을 법으로 하여 나누면 합당한 답이다. 〔시중에서 날마다 쓰고 있고 지금도 쓰고 있다. 지금 있다는 것(今有)과 다만 있다는 것(只有)은 각각 한 가지의 이름이다. 따라서 지금 가진 돈을 주로 한다면 바로 다만 있는 쌀이 이명이고 이것을 곱하여, 지금 있는 쌀인 동명으로 나눈다. 다만 있다는 것과 지금 있다는 이명을 서로 곱하는 것이다. 이 방법은 쌀로 돈을 얻는 것이다. 다만 있다는 쌀 몇섬 몇말에 원래 돈을 곱하여 원래 쌀로 나누면 된다. 이하 네 문제도 모두 이승동제와 관련 있다.

列只有米〔三率〕 以今有錢〔二率〕乘爲實 以糶米〔一率〕爲法除合問 〔市廛日用而今有之◯今有與只有各爲一名 故以今有錢爲主 則以只有米異名者乘之以今有米同名者除之◯只有與今有異名相乘也◯此術作以米買錢 只有幾碩幾㪷亦以元錢乘 只有元米而一可也◯以下四問幷係異乘同除

☞ 역자 주: 금유(今有)의 두 조건을 1률, 2율로하고 지유(只有)의 한 조건을 3률, 구하고자 하는 바를 4율로 하여 비례식을 세우면 다음과 같다.

5섬 3말 4되 : 9관 879문 = 36섬 9말 : x

따라서 $x = \dfrac{9\text{관 } 879\text{문} \times 36\text{섬 } 9\text{말}}{5\text{섬 } 3\text{말 } 4\text{되}}$ 로 구한다. 이때 2율을 주로 하면 동명인 1률로 나누므로 동제이고, 이명인 3률을 곱하므로 이승이다. 이하 마찬가지이다.

〔15-1-2〕 지금 쌀 5섬 3말 4되의 값은 9관 879문이다. 다만 돈이 68관 265문 있으면 쌀 얼마를 살 수 있는가? 〔바로 앞 문제의 환원이다.〕

今有米五碩三㪷四升直錢九貫八百七十九文　只有錢六十八貫二百六十五文得米幾何 〔卽上問之還原也〕

답: 369말〔4율〕

答曰三百六十九㪷 〔四率〕

다만 있는 돈〔3률〕에 지금 있는 쌀〔2율〕을 곱하여 실로 하고 쌀의 값〔1률〕을 법으로 하여 실을 나누면 합당한 답이다. 〔지금 있는 쌀을 주로 하고 다만 있는 돈이 이명이 되어 곱하고 지금 있는 돈이 동명이 되어 나눈다.〕

列只有錢〔三率〕 以今有米〔二率〕乘爲實 以直錢〔一率〕爲法 實如法而一合

問〔今有米爲主 以只有錢異乘 以今有錢同除〕

〔15-1-3〕 지금 은 22냥 5전 2푼 반은 실 6근 10냥과 같다. 다만 있는 실 304근 12냥은 은 얼마와 같은가?
今有銀二十二兩五錢二分半 倒絲六斤一十兩 只有絲三百空四斤一十二兩 倒銀幾何

답: 1036냥 1전 반〔4율〕
答曰一千空三十六兩一錢半〔四率〕

다만 있는 실〔근을 냥으로 고친다. 3률〕에 지금 가진 은〔2율〕을 곱하여 실로 하고 여기에 지금 가진 은과 같은 실〔근을 냥으로 고친다. 1률〕을 법으로 하여 실을 나누면 합당한 답이다.
列只有絲〔斤下留兩○三率〕 以今有銀〔二率〕乘爲實 以倒絲〔斤下留兩○一率〕爲法 實如法而一合問

〔15-1-4〕 지금 실이 6근 10냥이 있다. 실의 값은 은으로 22냥 5전 2푼 반이다. 다만 은이 1036냥 1전 반 있으면 실을 얼마 살 수 있는가? 〔바로 앞 문제의 환원이다.〕
今有絲六斤一十兩 直銀二十二兩五錢二分半 只有銀一千空三十六兩一錢半 得絲幾何 〔卽上問之還原也〕

답: 304근 12냥〔4율〕
答曰三百空四斤一十二兩〔四率〕

다만 있는 은〔3률〕에 지금 가진 실〔근을 냥으로 고친다. 2율〕을 곱하여 실로 하고 값을 나타내는 은〔1률〕을 법으로 하여 나눈다. 근 아래 부분은 신외가6을 하면 냥이 된다.
列只有銀〔三率〕 以今有絲〔斤下留兩○二率〕乘爲實 以直銀〔一率〕爲法除 斤下分身外加六爲兩合問

〔15-1-5〕 지금 비단 7필 6자 5치를 짜는데 실이 8근 2냥 21수 필요하다. 비단 84필 1장 반을 짜려면 실이 얼마 필요한가? 〔필법은 24자이다.〕
今有織錦七匹空六尺五寸 用絲八斤空二兩二十一銖 欲織八十四匹一丈半 用絲幾何 〔匹法二十四尺〕

답: 95근 3냥 6수〔4율〕
答曰九十五斤空三兩空六銖〔四率〕

필요한 실을 고쳐서〔2율〕 얻은 3141수를 위에 놓고, 짜고자 하는 비단〔3률〕을 고쳐 위에 곱하여 실로 한다. 다시 짜는 비단〔1률〕을 고쳐서 법으로 하여 나누면〔4율〕 36558수를 얻어 근수법과 냥수법[106]으로 차례로 고쳐 간단히 냥으로 나타내고 나머지는 분수로 나타낸다. 〔지금의 실을 주로 하면 짜고자 하는 비단은 이명이 되어 곱하고 지금의 비단은 동명이 되어 나눈다.〕
列用絲通內〔二率〕 得三千百四十一銖於上位 又列欲織〔三率〕通內以乘上位爲實 又列織錦〔一率〕通內爲法除〔四率〕 得三萬六千五百五十八銖 以斤銖法兩銖法遞約爲兩 不滿法者命之合問 〔今絲爲主而 欲織異名者乘之 今錦同名者除之〕

〔15-1-6〕 지금 실이 8근 2냥 21수 있다. 이것으로 비단을 7필 6자 반 짠다. 다만 실이 95근 3냥 6수 있으면 비단을 얼마 짤 수 있는가? 〔필법은 앞과 같다. 바로 앞 문제의 환원이다.〕
今有絲八斤二兩二十一銖 織錦七匹六尺半 只有絲九十五斤三兩六銖 織錦幾何 〔匹法同前○卽上問之還原也〕

답: 84필 1장 5자〔4율〕
答曰八十四匹一丈五尺〔四率〕

106) 근과 수, 냥과 수 사이의 환산을 위한 양의 관계를 말한다.

다만 있는 실〔3률〕을 고쳐서 얻은 수를 위에 놓고, 짤 수 있는 비단〔2율〕을 고쳐서 위에 곱하여 실로 한다. 다시 지금 가진 실〔1률〕을 고쳐서 법으로 하여 나누면〔4율〕 2031자를 얻어 필법으로 간단히 나타내면 합당한 답이다. 〔역시 지금의 비단을 주로 하면 다만 있는 실을 이명으로 하여 곱하고 지금의 실을 동명으로 하여 나눈다. 이제까지 앞에 있는 네 문제는 모두 같다.〕

列只有絲〔三率〕通内得積數於上位　又列織錦〔二率〕通内以乘上位爲實　又列今有絲〔一率〕通内爲法除〔四率〕 得二千空三十一尺　以匹法約合問 〔亦以今錦爲主而 以只絲異名者乘之 今絲同名者除之 與首四問同〕

〔15-1-7〕

원래　　90근　　500리〔주가 된다.〕[107]　9전이다.

　　인도차가　　있다.　　가는데　　운임이

지금　　120근　　300리　　　　(7전 2푼이다.)

지금 있는 차와 지금 가는 거리를 서로 곱하여 이명인 원래 은을 곱하여 실로 한다. 원래 있는 차와 원래 가는 거리는 동명이고 서로 곱하여 법으로 하여 실을 나누면 지금의 운임 7전 2푼을 얻는다. 〔준승, 준칙, 순단, 정비례이다. 〈산법통종〉에 말하기를 바로 쌍거호환이라 하였다. 역시 〈산학계몽〉에도 있다.〕

元有　　九十斤　　五百里〔爲主〕　　九錢

　　人挑茶　　行過　　脚銀

今有　　一百二十斤　　三百里　　(七錢二分)

今茶今行相乘而 以異名乘元銀爲實 元茶元行以同名 相乘爲法除實 得今銀七錢二分 〔準乘 準測 順單 正此例○統宗云 卽雙據互換 亦見啓蒙〕

☞ 역자 주: 이승동제와 동승이제에 대해서는 남병길(1820~1869)의 <산학정의> 중편에서 다음과 같이 자세히 다루고 있다.

---

107) 2율인 원래 운임 9전을 주로 해야 앞의 설명과 일치한다.

이승동제란 사율비례이다. 원래 있는 것의 두 조건을 서로 나누므로 동제가 된다. 지금 있는 것의 한 조건을 이에 곱하므로 이승이 된다. [다른 것이 이명이고 같은 것이 동명이다. 가령 원래 쌀 얼마를 베 얼마로 바꾼다고 하자. 지금 쌀 얼마가 있으면 베 얼마로 바꾸는가? 즉 지금 있는 쌀과 (원래) 베는 이명이고 서로 곱하므로 이승이라 한다. 원래 있는 쌀과 베는 동명이고 나누므로 동제라 한다.] 원래 있는 두 개의 조건이 1률, 2율이고 지금 있는 한 개 조건이 3률이다. 구하고자 하는 바가 4율이다. 2율과 3률을 곱하여 실로 하고 1률을 법으로 하여 나누면 구하는 바, 4율을 얻는다. 이것은 이미 알고 있는 것이 3개이고 아직 알지 못하는 것이 1개이다. 셋을 이용하여 하나를 구하므로 서양의 방법의 3수법(rule of three)을 일컫는다.

異乘同除者 四率比例也 以原有之兩件相除故爲同除 以今有之一件乘之故爲異乘

[異者異名也 同者同名也 假如原有粟若干易布若干 今有粟若干將以易布 則今有之粟與布爲異名 而相乘故謂之異乘 而原有之粟與布爲同名 而除之故謂之同除也]

以原有之兩件爲一率二率 以今有之一件爲三率 而所求之一件爲四率也 辨法實之法以二率乘三率爲實 一率爲法除之 得所求爲四率 是已知者三 而未知者一 用三求一 故西法謂之三率實爲四率也 (중략)

동승이제란 원래 있는 두 조건을 서로 곱하므로 동승이 된다. 지금 있는 한 조건으로 이것을 나누므로 이제가 된다. 원래 있는 두 조건이 2율과 3률이고 지금 있는 한 조건이 1률이다. 구하고자 하는 바가 4율이다. 비례의 응용에 해당하는 것이다.

同乘異除者 以原有之兩件相乘故爲同乘 以今有之一件除之故爲異除 以原有之兩件爲二率三率 以今有之一件爲一率 而所求之一件則爲四率 盖相當比例之轉用也

즉 原有의 두 조건은 동명이고 今有의 한 조건은 이명이 되어 곱하고 나누는 것에 따라 동승, 이승 혹은 동제, 이제라 칭한 것이다. 原有-今有는 今有-只有라 하기도 한다.

〔15-2〕 동승이제(同乘異除)

〔이 동승이제의 다른 이름은 전비례, 변칙, 호시, 역단이다. 이승동제와

상대이다.〕
〔此同乘異除亦名轉此例 亦名變測 亦名互視 亦名逆單 異乘同除相對〕

〔15-2-1〕 다음과 같이 가정하자. 원래 소진주 50알의 무게는 1냥이고 값은 은 12냥이다. 지금 대진주가 30알 있어 무게는 1냥이다. 이 값은 은으로 얼마인가? 〔이 문제에서 보석이나 진주를 살 때 크고 작은 덩어리의 값을 쓴다. 과일도 역시 같다. 〈지명산법〉에 있다.〕
假如原有小珍珠五十顆 重一兩價銀一十二兩 今有大珍珠三十顆重一兩 問該銀若干 〔此法買寶石珍珠 大小塊頭價用之 果品亦同 出指名算法[108]〕

답: 해당하는 은 20냥
答曰該銀二十兩

원래의 진주에 값 12냥을 곱하여 실로 하고 지금 가진 진주 30알로 나누면 합당한 답이다. 〔소진주 한 알의 값은 2전 4푼이고 대진주 한알의 값은 6전 $6\frac{1}{15}$푼이다. 원래 갖고 있는 구슬을 주로 하여 원래의 값은 동명으로 곱하고 지금의 구슬은 이명으로 하여 나눈다. 원래 가진 것은 〈산학계몽〉의 지금 가진 것이다. 지금 가진 것은 〈산학계몽〉의 지금 가진 것이다.[109]〕
置原珍珠以元價一十二兩乘之爲實 以今珠三十顆除之合問 〔小珠一顆價二錢四分 大珠一顆價六錢六分十五分分之一○原珠爲主 而原價同名者乘之 今珠異名者除之○原有卽啓蒙之今有也 今有卽啓蒙之今有[110]也〕

☞ 역자 주: 대진주의 개수를 1률, 원래 소진주의 개수와 값을 각각 2율과 3률, 구하는 대진주의 값을 4율로 하면 다음과 같이 2율과 3률을 곱하므로 동승이고 1률로 나누므로 이제이다.

$$x=\frac{50\times 12}{30}$$

이하 마찬가지이다.

---

108) 15세기 중국의 민간수학서인 指明算法을 잘못 적었다.
109) '지금 가진 것은 <산학계몽>의 다만 가진 것이다'로 고쳐야 한다.
110) 只有로 고쳐야 한다.

〔15-2-2〕 지금 길이가 1필 1장 4자이고 너비가 1자 8치인 견을 빌린 사람이 있다. 돌려줄 때 너비가 2자 5치이면 길이는 얼마인가? 〔필법은 32자이다. 돌려주는 것은 빌린 것을 갚는 것이다.〕
今有人借絹長一匹一丈四尺 闊一尺八寸 今還絹闊二尺五寸 還長幾何〔匹法三十二尺 還償也〕

답: 길이 1필 1자 1치 2푼〔4율〕
答曰長一匹空一尺一寸二分〔四率〕

빌린 견의 길이를 고쳐서 자로 나타내고〔2율〕, 너비〔3률〕를 곱하여 실로 하고 돌려주는 너비〔1률〕를 법으로 하여 나눈다. 여기서 필법으로 간단히 표시하면 합당한 답이다. 〔빌린 길이를 주로 하고 빌린 너비를 이명으로[111] 곱하여 돌려주는 너비를 동명으로[112] 나눈다. 이하 두 문제도 같다.〕
列借絹長通内〔二率〕 以闊〔三率〕乘爲實 以還闊〔一率〕爲法除 仍以匹法約合問〔借長爲主而 以借闊異名者[113]乘 以還闊同名者[114]除之 以下二問同〕

〔15-2-3〕 지금 길이가 1필 1자 1치 2푼, 너비가 2자 5치인 견을 빌린 사람이 있다. 견을 돌려주려고 할 때 너비가 1자 8치이면 돌려주는 견의 길이는 얼마인가? 〔필법은 앞의 문제와 같다. 바로 앞의 문제의 환원이다.〕
今有人借絹長一匹空一尺一寸二分 闊二尺五寸 今還絹闊一尺八寸 還長幾何〔匹法同前 卽上問之還原也〕

답: 1필 1장 4자
答曰一匹一丈四尺

111) '동명으로'로 고쳐야 한다.
112) '이명으로'로 고쳐야 한다.
113) 異名者를 同名者로 고쳐야 한다.
114) 同名者를 異名者로 고쳐야 한다.

빌린 견의 길이를 고쳐서〔2율〕 여기에 너비〔3률〕를 곱하여 실로 하고 돌려주는 견의 너비〔1률〕를 법으로 하여 나누고 필법으로 간단히 표시하면 합당한 답이다.
列借絹長通内〔二率〕 以闊〔三率〕乘爲實 以還闊〔一率〕爲法除 仍以匹法約合問

〔15-2-4〕
원래 가진 소　　50알 무게 1냥　　　12냥〔주가 된다.〕
　　　　　　진주　　　　　　　　값, 은
지금 가진 대　　30알 무게 1냥　　　(20냥)

원래 구슬과 원래 값을 동명으로 서로 곱하여 실로 하고, 지금의 구슬을 이명으로 법으로 하여 실을 나누면 지금의 값 20냥을 얻는다. 〔준제, 변칙, 역단, 호시, 전비례 등의 이름이 〈지명산법〉이나 〈산법통종〉에 보인다.〕
元有小　　五十顆重一兩　　一十二兩〔爲主〕
　　　珍珠　　　　　　價銀
今有大　　三十顆重一兩　　(二十兩)
元珠元銀以同名相乘爲實 今珠以異名爲法除實 得今銀二十兩 〔準除 變測 逆單 互視 轉比例 見指名及統宗〕

〔15-3〕 동승동제(同乘同除)
〔이 동승동제는 역시 다른 이름이 합률비례, 중칙, 순교역교이고 이승이제와 상대이다.〕
〔此同乘同除亦名合率比例 亦名重測 亦名順較逆較 與異乘異除相對〕

〔15-3-1〕 다음과 같이 가정하자. 원래 거위 8마리와 닭 20마리를 바꾸고, 닭 30마리마다 오리 90마리와 바꾸고, 오리 60마리마다 양 2마리와 바꾼다. 지금 양이 5마리 있으면 거위 몇 마리와 바꿀 수 있는가?

假如原有鵝八隻換鷄二十隻 每鷄三十隻換鴨九十隻 每鴨六十隻換羊二隻 今卻有羊五隻換鵝問該若干

답: 해당하는 거위 20마리
答曰該鵝二十隻

풀이: 이승동승법을 쓴다. 원래 있는 거위 8마리에 원래 닭 30마리를 곱하고 다시 원래 있는 오리 60마리를 곱하고 다시 지금 있는 양 5마리를 곱하면 72000마리이고 이것을 실로 한다. 다시 이제동제법을 써서 바꾸어지는 닭 20마리에 바꾸어지는 오리 90마리를 곱하고 다시 바꾸어지는 양 2마리를 곱하면 3600마리이다. 이것을 법으로 하여 실을 나누면 거위 20마리를 얻어 합당한 답이다.

원래 있는	8마리	30마리	60마리	지금 5마리
	거위	닭	오리	양
바꾸는	(20마리)	20마리	90마리	2마리

먼저 이승동승법을 써서 원래 거위, 원래 닭, 원래 오리를 동명으로 서로 곱하고 다시 지금 있는 양을 이명으로 곱하여 실로 한다. 이제동제법을 써서 바꾸는 닭, 바꾸는 오리, 바꾸는 양을 서로 곱하여 법으로 하고 실을 나누면 바꾸는 거위 20마리를 얻는다. 〔〈지명산법〉이나 〈산법통종〉에서 보인다.〕
法曰用異乘同乘法 置原鵝八隻以乘原鷄三十隻 又以原鴨六十乘之 再以今有羊五乘之 得七萬二千隻爲實 又用異除同除法 以所換鷄二十隻乘換鴨九十 再以所換羊二因之 得三千六百隻爲法除實 得鵝二十隻合問

元有	八隻	三十隻	六十隻	今五隻
	鵝	鷄	鴨	羊
換	(二十隻)	二十隻	九十隻	二隻

先用異乘同乘法 以元鵝元鷄元鴨同名者相乘 再以今羊異名者乘之爲實 乃用異除同除法 以換鷄換鴨換羊相乘爲法除實 得換鵝二十隻〔見指明及統宗〕

☞ 역자 주: 각 동물 사이의 교환율은 다음과 같다.

거위 8=닭 20

닭 30=오리 90

오리 60=양 2

이때 양 5에 해당하는 오리는 $\frac{60\times5}{2}$ 이고,

오리 $\frac{60\times5}{2}$ 에 해당하는 닭은 $\frac{30\times60\times5}{90\times2}$ 이며,

닭 $\frac{30\times60\times5}{90\times2}$ 에 해당하는 거위는 $\frac{8\times30\times60\times5}{20\times90\times2}$ 이다.

즉 실에서 동명 8, 30, 60과 이명 5를 모두 곱하는 이승동승법, 바꾸는 마리 수를 모두 곱하여 법으로 하여 나누는 이제동제법을 이용한다.

16 고무해세(庫務解稅)

〔무(務)는 일터에서 일하는 것이다.〕〔務場務也〕

〔16-1〕 지금 한 사람이 돈 85관 700문을 빌렸다. 1관에 월 이자가 30문이다. 지금 8개월이 되었으면 이자는 얼마인가? 〔전(典)이란 소위 전당이다. 원금은 모(母)라 하고 이자는 자(子)라 한다.〕
今有人典錢八十五貫七百文 每貫月利三十文 今八箇月利錢幾何 〔典所謂典當也 本母也 利子也〕

답: 20관 568문 〔1관이 1률〕
答曰二十空貫五百六十八文〔一貫一率〕

빌린 원금〔3률〕을 위에 실로 놓고 8개월에 30문을 곱하여 얻은 240문〔2율〕을 법으로 하여 위에 있는 실에 곱하면〔4율이고 지금 있는 것이다.〕 합당한 답을 얻는다.
列本典錢〔三率〕 於上位爲實 置八箇月以三十文乘 得二百四十文〔二率〕爲法 以乘上位卽得〔四率而今有之〕 合問

☞ 역자 주: 1관의 8개월 이자가 8×30=240문이므로, 다음 비례식이 성립한다.

$$1\text{관} : 240\text{문} = 85\text{관 } 700\text{문} : x$$

따라서 x=85관 700문×240문으로 구한다.
일반적으로 '고무해세'에 나오는 문제들은 앞서 설명한 비례연산에서 주어진 세 개의 율중 하나가 단위 1인 경우이다. 이것을 <구장산술>에서는 '경률술'이라 하였다.

〔16-2〕 지금 한 사람이 돈을 236관 빌렸다. 1관에 월 이자는 25문이다. 지금 7개월 9일 동안에 이자는 얼마인가? 〔1관이 1률이다.〕
今有人典錢二百三十六貫 每貫月利二十五文 今七箇月九日利錢幾何 〔一貫一率〕

답: 43관 70문

答曰四十三貫七十文

9일을 30일로 나누면〔1률〕 3푼〔바로 한 달의 $\frac{3}{10}$〕이다. 7개월 3푼에 한 달 이자를 곱하여 얻은 수〔2율〕를 법으로 하여 원금〔3률〕에 곱하면 이자를 얻는다. 〔4율이다. 월 아래의 날 수는 모두 이와 같은 방법을 빨리 쓴다. 즉 냥을 근으로 바꾸는 근하유법과 같은 뜻이다.〕
列九日以三十日〔一率〕除得三分〔卽一月十之三〕 共七箇月三分以月利乘得數〔二率〕爲法 以乘本錢〔三率〕 卽得利錢〔四率 月下日數皆依此法捷用 卽與斤下留法同義〕

☞ 역자 주: 원금 1관에 대해 7.3개월 동안의 이자가 25×7.3이므로, 원금 236관에 대한 같은 기간의 이자를 x라 하면 다음과 같은 비례식이 성립한다.

$$1 : 25\times7.3 = 236 : x$$
$$x = 236\times7.3\times25$$
$$x = 43070(\text{문}) = 43(\text{관})\ 70(\text{문})$$

〔16-3〕 지금 한 사람이 은을 25냥 빌렸다. 한 냥의 월 이자는 2푼 5리이다. 며칠이면 원금과 이자가 서로 같아지는가? 〔한 달이 2율이다.〕
今有人借銀二十五兩 每兩月利二分五厘 幾何日而本利適等〔一月二率〕

답: 40개월〔4율〕
答曰四十箇月〔四率〕

빌린 은을 실로 하고 6전 2푼 반을〔1률〕 법으로 하여〔2푼 5리를 빌린 은에 곱한 것이다.〕 나누면 합당한 답을 얻는다. 〔달리 한다면 2푼 반으로 은 1냥을 나누어도 역시 맞다.〕
列借銀爲實 以六錢二分半〔一率〕爲法〔二分五厘乘借銀故也〕 除合問 〔又以二分半除銀一兩亦合前問〕

☞ 역자 주: 은 25냥의 1달 이자가 0.025냥이므로 이자가 원금 25냥과 같아지는 개월 수를 x라 하면 다음 식이 성립한다.

$$25 \times 0.025 : 1 = 25 : x$$

$$x = \frac{25}{0.625} = 40$$

〔16-4〕 한 사람이 돈을 빌려 원금과 이자를 합하여 모두 996관 656문을 갚았다. 다만 1관의 월 이자는 35문이라 하고 지금 9개월 18일 되었다고 한다. 처음 빌린 돈은 얼마인가? 〔1관이 2율이다.〕
今有人借錢 共還本利九百九十六貫六百五十六文 只云每貫月利三十五文 今九箇月一十八日 問元借錢幾何 〔一貫二率〕

답: 746관〔4율〕
答曰七百四十六貫〔四率〕

갚은 원금과 이자의 합 996관 656문을 실로 하고 9개월 18일은 9월 6푼[115]이므로 여기에 35를 곱하고 얻은 수에 원금 1관을 더하여 1관 336문〔1률〕을 법으로 하여 나누면 합당한 답을 얻는다.
共還〔三率〕爲實 列九月六分以三十五乘得數 加本錢一貫 共一貫三百三十六文〔一率〕爲法除合問

☞ 역자 주: 원금 1관에 대한 9.6개월 동안의 원리합계가 9.6×0.035+1이므로 처음 빌린 원금을 x관이라 하면 다음 식이 성립한다.

$$9.6 \times 0.035 + 1 : 1 = 996.656 : x$$

$$x = \frac{996.656}{9.6 \times 0.035 + 1} = \frac{996.656}{1.336} = 746$$

〔16-5〕 지금 한 사람이 은 90냥에 대한 월 이자를 2냥인 조건으로 은을 빌렸다. 다만 3개월 12일이 지난 오늘 원래 은과 이자를 모두 합하여 4356냥을 갚았다고 한다. 본래 은과 이자 은은 각각 얼마인가? 〔1냥 빌리는 것이 1률[116]〕

115) 9.6개월이다.
116) 2율이다.

今有人借銀九十兩 月利二兩 只云今共還四千三百五十六兩 經三箇月一十二日 本利幾何〔借一兩立一率〕

답: 본래 은 4050냥〔4율〕

이자 은 306냥〔본래 은 한 냥의 월 이자는 $\frac{2}{90}$냥, 약분하여 바로 $\frac{1}{45}$냥이다.〕

答曰本銀四千空五十兩〔四率〕 利銀三百六兩〔本每兩月利九十分兩之二 約之則四十五分兩之一〕

갚은 본래 은, 이자 은을 모두 합한 4356냥에 90냥을 곱하면 392040이다. 〔3률〕 이것을 실로 한다. 3개월 4푼에 2냥을 곱하고 여기에 90냥을 더하여 모두 96냥 8전〔1률〕을 법으로 하여 나누면 본래 은을 얻고, 이것을 돌려주는 은에서 빼면 이자 은이다. 〔뺀 나머지가 이자 은이다.〕

置共還以九十兩乘得三十九萬二千空四十〔三率〕爲實 列三箇月四分以二兩因之 加入九十兩 共九十六兩八錢〔一率〕爲法除之 得本銀 反減共還卽利銀合問〔及減則餘爲利也〕

☞ 역자 주: 은 1냥에 대한 월 이자는 $\frac{2}{90}$냥이고 3.4개월 간 원리합계는 $3.4\times\frac{2}{90}+1$이므로 처음 빌린 은을 x냥이라 하면 다음 식이 성립한다.

$$3.4\times\frac{2}{90}+1 : 1 = 4356 : x$$

1률과 3률에 90을 곱하여 계산한 다음 식이 풀이에 해당한다.

$$3.4\times 2+90 : 1 = 4356\times 90 : x$$

$$x=\frac{4356\times 90}{3.4\times 2+90}=\frac{392040}{96.8}=4050$$

〔16-6〕 지금 관영 창고에서 1811섬 3말 1되 4작의 양곡을 거두어들였다. 여기에는 1말에 모미가 7홉 5작 6초의 비율로 포함되어 있다.

원래의 정식 양곡은 얼마인가? 〔1말이 2율이다. 모미란 여분을 준비하여 양곡의 양이 축소되는 것에 대비하는 것이다.〕
今有官倉共收粮一千八百一十一石三斗一升空四勺　每斗帶耗七合五勺六秒 正粮幾何 〔一斗二率◯耗者取息以備縮者也〕

답: 1684섬〔4율〕
答曰一千六百八十四石〔四率〕

모두 거두어들인 양곡〔3률〕을 실로 하고 정식 양곡과 모미를 합한 1말 7홉 5작 6초〔1률〕을 법으로 하여 나누면 합당한 답이다.
共收〔三率〕爲實 倂正耗粮得一斗空七合五勺六秒〔一率〕爲法除合問

☞ 역자 주: 정식 양곡 1말에 대해 모미를 포함하여 거두어들이는 양이 1.0756말이므로, 18113.104의 양곡 중 원래의 정식 양곡을 x말이라 하면 다음 식이 성립한다.

$$1.0756 : 1 = 18113.104 : x$$

$$x = \frac{18113.104}{1.0756} = 16840(\text{말})$$

〔16-7〕 지금 세무법에 따르면 30관에 대한 세금으로 1관을 거두어들인다고 되어 있다. 한 사람이〔상인이다.〕 실 640근을 갖고 있을 때 한 근 값이 3관 252문이면 세금으로 내는 돈은 얼마인가? 〔1관이 2율이다.〕
今有稅務法則三十貫納稅一貫　客〔賈客也〕持絲六百四十斤　斤價三貫二百五十二文 納稅錢幾何〔一貫二率〕

답: 69관 376문〔4율〕
答曰六十九貫三百七十六文〔四率〕

실의 수에 한 근의 값을 곱하여 다시 1관을 곱하여〔3률〕 실로 한다. 30관〔1률〕을 법으로 하여 나눈다. 〔이 돈이 지금 있는 세금낼 돈이다.〕
列絲數以斤價乘　又以一貫乘〔三率〕爲實　三十貫〔一率〕爲法而一〔而今有之〕

合問

☞ 역자 주: 실 640근의 값이 640×3.252관이므로 이에 대한 세금을 x관이라 하면 다음 식이 성립한다.

$$30 : 1 = 640\times3.252 : x$$

$$x=\frac{640\times3.252}{30}=69.376$$

〔16-8〕 지금 한 사람이 향을 784근 갖고 큰 배에 탈 때 세관에 갖고 있는 향의 $\frac{1}{8}$을 세금으로 낸다. 지금 세금으로 100근을 세관에서 가져가고〔첩(貼)의 뜻은 속된 말로 거슬러 불여주다이다. 시중에서 흔히 쓰는 말이다.〕 1관 730문을 거스름 돈으로 돌려주었다. 향 1근 값은 얼마인가? 〔1근이 3률〕
今有客持香七百八十四斤 舶司税之八而取一 今税一百斤卻貼 〔俚語거스려브쳐주다[117] 乃市門常談也〕 與客錢一貫七百三十文 斤價幾何〔一斤三率〕

답: 865문〔4율〕
答曰八百六十五文〔四率〕

갖고 있는 향의 근수를 8로 나누면 98근이다. 〔세금으로 내는 향의 근수이다.〕 이 수를 100근에서 빼면 나머지가 2근이다〔1률〕. 이것을 법으로 하고 이 사람이 거슬러 받은 돈〔2율〕을 실로 하여 법으로 실을 나누면 합당한 답이다. 〔98근의 값은 84관 770문이고 100근의 값은 86관 500문이다.〕
列客持數八而一得九十八斤〔乃合税之香數〕 以減百斤餘二斤〔一率〕爲法 列貼與客錢〔二率〕爲實除之合問〔九十八斤價八十四貫七百七十文 一百斤價八十六貫五百文〕

☞ 역자 주: 향 784근에 대해 낼 세금이 $784\times\frac{1}{8}=98$(근)인데 100근을 내었을

117) 한글이 보이는 유일한 부분이다.

때 차이 2근이 곧 거스름돈 1730문에 해당하므로, 향 1근의 값을 x문이라 하면 다음 식이 성립한다.

$$100 - 784 \times \frac{1}{8} : 1730 = 1 : x$$

$$x = \frac{1730}{100 - \frac{784}{8}} = \frac{1730}{2} = 865$$

〔16-9〕 지금 진주를 3760알 가진 사람이 있다. 큰 배에 오를 때 세관원이 진주 40알에 3알의 비율로 세금을 가져간다. 지금 300알을 세금으로 가져가고 거스름돈 10관 350문을 돌려주었다. 만일 이 사람에게서 150알의 진주를 사려면 돈 얼마를 주어야 하는가? 〔1관이 2율〕
今有客持珍珠三千七百六十顆 舶司税之四十取三 今税訖三百顆 貼與客錢一十空[118]貫三百五十文 欲買一百五十顆 問與客錢幾何 〔借一貫立二率〕

답: 86관 250문〔4율〕
答曰八十六貫二百五十文〔四率〕

이 사람이 갖고 있는 진주의 수를 3배하고 40으로 나누면 282알이다.〔세금으로 내는 진주의 수이다.〕 이것을 300알에서 빼면 나머지는 18〔1률〕이고 법으로 한다. 150알에 돌려 받은 거스름돈을 곱하여〔3률〕 실로 하여 법으로 나누면 답을 얻는다.
별해: 18을 법으로 하고 돌려 받은 거스름돈을 실로 하여 나누면 진주 한 알의 값이다. 여기에 150알을 곱하면 답이다.
별해: 1알이 1률이고 575문이 2율이고 150알이 3률이다.
列客珠三之四十而一 得二百八十二顆〔乃合税珠數〕 以減三百顆 餘一十八〔一率〕爲法 列一百五十顆 以貼與客乘之〔三率〕爲實除之卽得 〔又術 一十八爲法 列貼與客錢爲實除之得一顆價 以一百五顆乘之 得與錢合問○又術 一顆一率 五百七十五文二率 一百五十顆三率〕

118) <산학계몽>에는 空이 빠져있다. 일의 자리 수가 0임을 강조하려는 황윤석의 의도가 엿보인다.

☞ 역자 주: 3760알에 대해 282알이 세금이므로 300과의 차 18알을 거슬러 주어야 한다. 대신 10관 350문을 주었으므로 이것이 곧 18알의 값이 된다. 따라서 150알의 값을 x라 하면 다음 식이 성립한다.

18알 : 150알 = 10관 350문 : x

그런데 본문의 풀이에서는 '경률술'을 적용하기 위해 다음 식으로 변형시켜 푼 것으로 볼 수 있다.

18알 : 1관 = 150알×10관 350문 : x

한편 별해는 18알의 값이 10관 350문이므로 1알의 값 $\frac{10관\ 350문}{18}=575문$을 구하여 다음과 같이 생각한 것이다.

1알 : 575문 = 150알 : x

〔16-10〕 지금 호초[119]를 가진 사람에게 두 번 세금을 받는다. 처음에는 10에서 1을 받는 비율로 세금을 받고 다음에는 나머지에서 30에 대하여 1을 받는 비율로 세금을 받는다. 지금 세금을 모두 합하여 35근 1냥 6전을 받았다. 이 사람은 원래 얼마의 호초를 가졌는가? 〔1냥이 2율이다.〕

今有客持胡椒兩務稅之 先稅十取一 次稅三十取一 今共稅訖三十五斤一兩六錢 元持椒幾何 〔借一兩立二率〕

답: 270근〔본래 4320냥이다. 1률[120]〕

答曰二百七十斤 〔本四千三百二十兩 一率〕

두 번 세금낸 것을 합한 호초의 수를 고쳐서 냥으로 나타내고 10을 곱한다〔3률〕. 이것을 실로 한다. 1냥 3전〔1률〕을 법으로 하여 나눈다. 〔법의 수는 다음과 같다. 10냥에서 볼 때 처음 세금으로 1냥을 내면 나머지는 9냥이다. 다음 9냥에서 3전을 내야하니 두 번 내는 세금의 합은 1냥 3전이다.〕 근으로 간단히 표시한다. 〔현재 시중이나 세관에서 시행하는 바다.〕 합당한 답을 얻는다.

列共稅訖數通內十之〔三率〕爲實 以一兩三錢〔一率〕爲法除之 〔法數 以十兩

119) 후추, 또는 후추의 껍질을 가리킴.

120) 4율이다.

爲率 先取一兩 餘九兩 取三錢 兩次官合稅一兩三錢也〕以斤率約之〔今市舶司有之〕合問

☞ 역자 주: 먼저 35근 1냥 6전을 냥으로 고치면 561.6냥이다. 문제의 조건에 따라 10냥에 대해 내는 세금을 계산하면 1.3냥이므로 원래 가진 호초를 x냥이라 하면 다음 식이 성립한다.

$$1.3 : 10 = 561.6 : x$$

경률술로 식을 변형하여 풀면 다음과 같다.

$$1.3 : 1 = 561.6 \times 10 : x$$

$$x = \frac{5616}{1.3} = 4320(\text{냥}) = 270(\text{근})$$

〔16-11〕 지금 항진향을 가진 사람이 있어 두 번 세금을 낸다. 처음에는 30에서 1의 비율로 세금을 내고〔나머지 29〕 다음에는 50에서 3의 비율로 세금을 낸다. 〔나머지는 47〕 이와 같이 세금을 내고 나머지가 3000근이다. 원래 가진 항진향은 얼마인가? 〔1근이 2율이다.〕
今有客持降眞香 兩務稅之 先稅三十取一〔餘二十九〕 次稅五十取三〔餘四十七〕 餘有三千斤 問元持降眞幾何 〔借一斤立二率〕

답: 3301근 〔4율. $\frac{737}{1363}$근〕
答曰三千三百空一斤 〔四率〇一千三百六十三分斤之七百三十七〕

3000근에 세금을 매겼던 30을 곱하고 다시 50을 곱하여 4500000을 얻어〔3률〕 실로 한다. 세금을 안낸 29와 47을 서로 곱하면 1363〔1률〕을 법으로 하여 실을 나누어 남는 것은 분수로 나타내어 답을 얻는다.
置三千斤以所稅者三十乘 又以五十乘得四百五十萬〔三率〕爲實 以不稅者二十九四十七相乘 得一千三百六十三〔一率〕爲法實如法而一 不滿者命分卽得

☞ 역자 주: 1근에 대해 두 번의 세금을 낸 후의 나머지는 $\frac{29}{30} \times \frac{47}{50}$이므로 구

하는 향의 양을 x근이라 하면 다음 식이 성립한다.

$$\frac{29}{30}\times\frac{47}{50} : 1=3000 : x$$

1률과 3률에 30과 50을 곱하여 계산한 다음 식이 풀이에 해당한다.

$$29\times47 : 1=3000\times30\times50 : x$$

$$x=\frac{3000\times30\times50}{29\times47}=\frac{4500000}{1363}=3301\frac{737}{1363}$$

17 절변호차(折變互差)

〔절변은 바로 상공이다.〕〔折變卽商功也〕

추분법은 주어진 물건 안에서 생각한다.
용역비를 여기에 곱하여 총액을 구한다.
별도로 용역비와 물건의 값을 계산하여
법을 만들어 앞에 구한 총액을 나누어
용역비의 총액을 구하여 빼보면
나머지가 구하는 합당한 답이다.
계산하는 자는 다른 방법을 생각하지 말고
이 방법을 마음 속에 기억하라.

〔〈산학계몽〉에 있다. 달리 '취물추분'이라고도 한다. 원래 주어진 곡식을 놓고 여기에 운반비를 곱한다. 이것을 별도로 곡식 한 말 값과 운반비를 더하여 얻은 수로 나누어 총 운반비에 해당하는 곡식을 얻는다. 주어진 곡식에서 이 운반비에 해당하는 곡식을 뺀 나머지가 구하는 주된 곡식이다. 이 밖에 라비단, 능비단 등의 비단 셈도 모두 이와 같다.〕

抽分法就物中抽　脚價乘他都物求
別用脚錢搭物價　以爲其法要除周
除來便見脚之摠　餘者皆爲主合留
算者不須求別訣　只將此法記心頭

〔啓蒙◯一云就物抽分◯置元粟以脚價乘之 別置每斗價搭上脚價爲法除之 得今合抽分脚粟數 於摠内減脚粟卽主粟 他羅綾等物皆倣此〕

☞ 역자 주: '절변호차' 또는 '취물추분'은 곡식을 운반할 때 운반비를 그 곡식 중에서 일정한 비율로 지불하는 경우에 실제로 운반한 곡식과 운반비로 지불한 곡식의 양을 각각 구하는 문제에 관한 것이다. 위에서 설명한 운반비에 해당하는 곡식을 구하는 방법은 다음과 같다.

$$(\text{총 운반비에 해당하는 곡식}) = \frac{(\text{주어진 곡식}) \times (\text{단위 수량의 운반비})}{(\text{단위 수량의 값}) + (\text{단위 수량의 운반비})}$$

이 식은 다음과 같은 비례 관계로부터 얻을 수 있다.

$$(\text{단위 수량의 값}) + (\text{단위 수량의 운반비}) : (\text{단위 수량의 운반비}) = (\text{주어진 곡식}) : (\text{총 운반비에 해당하는 곡식})$$

또한 이와 같이 구한 운반비에 해당하는 곡식을 주어진 전체 곡식에서 빼면 실제로 운반한 곡식을 얻는다.

〔17-1〕 지금 향유 3냥은 채유 4냥에 해당한다. 다만 향유 한 근의 값은 400문이라고 한다. 채유 84근 12냥의 값은 얼마인가? 〔1관이 2율이다.〕
今有香油三兩折菜油四兩 只云香油斤價四百文 卻有菜油八十四斤一十二兩直錢幾何〔借一貫立二率〕

답: 25관 425문〔4율〕
答曰二十五貫四百二十五文〔四率〕

향유 한 근 값에 3냥을 곱하고 16으로 나누면〔1근은 16냥이기 때문이다.〕 75문을 얻는다. 〔바로 향유 3냥 값이고 채유 4냥의 값과 같다.〕 채유의 양을 고쳐서 냥으로 표시하여 75를 곱하고〔3률〕 실로 하여 4냥으로 나누면〔1률〕 답이다. 〔향유 1냥의 값은 25문, 3냥의 값은 75문이다. 채유 1냥의 값은 18문 7푼 5리, 4냥의 값은 75문이다.〕
列香油斤價以三兩因之 十六〔一斤十六兩〕而一 得七十五文〔乃香油三兩折菜油四兩之價〕 列菜油通内 以七十五乘〔三率〕爲實 以四兩〔一率〕爲法除之〔香油一兩二十五文 三兩七十五文 菜油一兩一十八文七分五厘 四兩七十五文〕

☞ 역자 주: 향유 1근(16냥) 값이 400문이므로 3냥 값은 $\frac{400}{16}\times 3=75$(문)이다. 이것이 곧 채유 4냥의 값이고, 64근 12냥(=1356냥)의 값을 x라 하면 다음 식이 성립한다.

$$4 : 75 = 1356 : x$$

이 식을 경률술에 의해 다음과 같이 변형하여 푼다.

$$4 : 1 = 1356\times 75 : x$$

$$x=\frac{1356\times 75}{4}=\frac{101700}{4}=25425$$

〔17-2〕 지금 한 사람이 밀려서 못 낸 돈이 11250관 있다. 이것을 돈과 은으로 같은 수로 내고자 한다. 은 1냥은 돈 5관과 같다고 한다. 각각 얼마를 갚아야 하는가? 〔1관이 2율〕
今有人欠〔卽逋欠也〕 錢一萬一千二百五十貫 欲還錢銀適等 其銀兩折錢五貫 各還幾何〔借一貫立二率〕

답: 돈 1875관〔4율〕, 은 1875냥
答曰錢一千八百七十五貫〔四率〕 銀一千八百七十五兩

밀려서 못낸 돈을 5배〔3률〕하여 실로 하고 30〔1률〕을 법으로 하여 나눈다. 〔5라는 수는 돈과 은의 같게 되는 수이다. 30이라는 수는 6을 5에 곱한 수이다. 6이라는 수는 은 1냥에 그와 같은 돈 5관을 합한 것, 즉 1과 5의 서로 합한 수이다.〕
列欠錢五之〔三率〕爲實 三十〔一率〕爲法而一 〔五之者折錢數也 三十者以六乘五之數也 六者以銀一兩幷折錢五貫而 一五相倂之數也〕

별해: 밀려서 못낸 돈〔3률〕을 실로 하고 6〔1률〕으로 나누면 답을 얻는다. 〔지금 있는 중통과 지원이 이것이다. 원나라 때 만든 지원초의 돈 1관은 중통초의 돈 5관과 같다. 지원보초는 중통교초와 같이 쓰고 있다.〕
又術曰欠錢〔三率〕爲實 六〔一率〕而一 卽得〔而今有之中統至元是也 元制至元鈔一貫 文當中統鈔五貫 文至元寶鈔與中統交鈔幷行〕

☞ 역자 주: 돈과 은의 수를 모두 x라 하자. 모두 관으로 고치면, 은 1냥=돈 5관이므로 돈 x, 은 $5x$가 되어 총 $6x$관이다. 따라서 다음 식이 성립한다.

$$6x = 11250$$

$$x = \frac{11250}{6} = 1875$$

〔17-3〕 지금 한 사람이 밀려서 못 낸 돈 1958관을 은과 돈의 비율이 2대 1이 되게끔 갚으려 한다. 은 1냥이 돈 5관과 같다면 각각 얼마를

갚아야 하는가? 〔1관이 2율이다.〕
今有人欠錢一千九百五十八貫 欲還二分銀一分錢 其銀每兩折錢五貫 各還幾何〔借一貫立二率〕

답: 돈 178관(1분), 은 356냥(2분)〔4율〕
答曰錢一百七十八貫一分 銀三百五十六兩二分〔四率〕

밀려서 못낸 돈을 5배하여〔3률〕 실로 하고 55〔1률〕로 나눈다. 〔55로 나누면 돈을 얻고 배하면 은이 된다. 5라는 수는 역시 돈과 은이 같아지는 비율의 수다. 55라는 수는 11에 5를 곱한 수이다. 11은 돈 5관에 해당하는 5이고, 다시 은 1냥에 해당하는 돈 5관의 1과 5를 더하여 6이고, 5와 6을 서로 합한 수이다. 1의 비율의 은 1냥이 돈 5관과 같으면 2의 비율의 은 1냥은 돈 10관과 같기 때문이다.〕
列欠錢五之〔三率〕爲實 五十五〔一率〕而一〔五十五而一得錢 倍爲銀○五之者亦折錢數也 五十五者以十一乘五之數也 十一者折錢五貫爲五 又以銀一兩幷折錢五貫爲六而 五六相幷之數也 蓋一分銀每兩折錢五貫 則二分銀每兩折錢一十貫故耳〕121)

별해: 밀려서 못낸 돈〔3률〕을 실로 하고 신외감1〔11이 법이다. 1률이다.〕의 방법으로 풀면 돈을 구하고 배하면 은의 양이다. 〔신외감1은 바로 11로 나누는 방법이다.〕
又術曰欠錢〔三率〕爲實 身外減一〔一十一爲法○一率〕得錢 倍之爲銀〔身外減一卽十一而一之法也〕

☞ 역자 주: 돈 x관과 은 $2x$냥으로 갚는다면, 모두 관으로 고쳐서 $11x$관이므로 다음 식이 성립한다.

$$11x = 1958$$

$$x = \frac{1958}{11} = 178$$

121) <산학계몽>에는 '列欠錢數五之 得九千七百九十貫爲實 以五十五爲法 實如法而一得錢數 倍之爲銀數也 合問'으로 간단히 설명되어 있다. 즉 빌린 돈의 5배 9790관을 실로 하고, 55를 법으로 하여 나누면 돈을 얻는다. 이것을 2배하면 은의 수가 되어 합당하다는 것이다.

〔17-4〕 지금 돈이 73관 584문 있다. 기름, 국수, 가루 세 가지 물건을 같은 양 사고자 한다. 기름 값은 한 근에 348문, 국수 값은 한 근에 124문, 가루 값은 한 근에 112문이라 한다. 각각의 같은 무게는 얼마인가?
今有錢七十三貫五百八十四文 欲買油麵粉三色適等 油斤價三百四十八文 麵斤價一百二十四文 粉斤價一百一十二文 各等重幾何

답: 각각 126근〔4율〕
答曰各一百二十六斤〔四率〕

돈의 액수〔3률〕를 실로 하고, 세 가지의 한 근 값을〔1률〕 모두 합하여 법으로 하여 나누면 같은 무게를 얻는다. 〔1근이 2율이다.〕
列錢數〔三率〕爲實 幷三色斤價〔一率〕爲法除之 得等重〔一斤爲二率〕

☞ 역자 주: 세 가지의 같은 무게를 x라 하면 다음 식이 성립한다.

$$348x+124x+112x=73584$$

$$x=\frac{73584}{348+124+112}=126$$

〔17-5〕 지금 돈이 7491관 890문 있다. 옷감 능, 라, 견을 사고자 한다. 능의 한 필 값은 12관 760문, 라의 한 필 값은 9관 894문, 견의 한 필 값은 766문이다. 반드시 능, 라, 견의 비율이 1 : 2 : 3의 비율이 되도록 산다면 세 가지 옷감을 각각 얼마씩 사면 되는가? 〔1필이 2율이다.〕
今有錢七千四百九十一貫八百九十文 欲買綾羅絹 綾匹價一十二貫七百六十文 羅匹價九貫八百九十四文 絹匹價七百六十六文 須要綾一羅二絹三買之 問三色各幾何 〔借一匹立二率〕

답: 능 215필〔2분〕[122)]

라 430필〔2분〕

견 645필〔3분. 4율〕

答曰綾二百一十五匹〔二分〕 羅四百三十匹〔二分〕

絹六百四十五匹〔三分◯四率〕

돈의 액수〔3률〕를 실로 하고 라의 한 필 값을 2배하고 견의 한 필 값을 3배하고 여기에 능의 한 필 값을 모두 합하여〔1률〕 법으로 하여 나누면 능의 필수가 나오고 이것을 위에 놓고 2배하면 라의 필수이고 아랫자리에 있는 견은 3배하면 필수를 얻는다.

列錢數〔三率〕爲實 二之羅價 三之絹價 加入綾價 共併〔一率〕爲法除之 得綾 副置上位 倍之爲羅 下位三之爲絹

☞ 역자 주: 비율 1인 능의 필수를 x라 하면 라와 견은 각각 $2x$, $3x$이므로 다음 식이 성립한다.

$$12760x+9894\times2x+766\times3x=7491890$$

$$x=\frac{7491890}{34846}=215$$

이것이 능의 필수이고 2배, 3배하여 각각 라, 견의 필수를 얻는다.

〔17-6〕 지금 라비단 10필 2장 6자가 있다. 붉은 색으로 물들이고자 하나 다만 라비단 4자 5치를 주면 1장 5자 반을 물들일 수 있다고 한다. 내준 비단과 물들인 비단은 각각 얼마인가? 〔필법은 32자이다. 1자가 2율이다.〕

今有羅一十空匹二丈六尺 欲染大紅 只云内出羅四尺五寸 換花染得一丈五尺半 問出羅染羅各幾何 〔匹法三十二尺◯借一尺立二率〕

답: 물들인 비단 8필 1장 1자 1치 반〔4율〕[123]

내 준 비단 2필 1장 3자 8치 반

答曰染羅八匹一丈一[124]尺一寸半〔四率〕

122) 1분으로 고쳐야 한다.

123) 답이 틀렸다. 물들인 비단은 8필 1장 2자 1치 반으로 고쳐야 한다.

124) 二로 고쳐야 한다.

出羅二匹一丈三尺八寸半

지금 가진 라비단의 길이를 고쳐서 자로 표시하고 물들일 수 있는 수 1장 5자 반을 곱하여〔3률〕 실로 한다. 내어 주고, 물들인 수를 더한 수 20자〔1률〕를 법으로 하여 나누면 물들인 비단의 길이이다. 가진 비단에서 이것을 뺀 나머지가 내어준 비단의 길이이다. 모두 필법으로 간단히 나타내면 합당한 답이다.
置今有羅通內　以染得乘〔三率〕爲實　併出染羅二十尺〔一率〕爲法除之　得染羅 以減今有羅通內數餘卽出羅 各以匹法約之

☞ 역자 주: 절변호차의 방법이 그대로 적용된다. 비단 1장 5자를 물들이는 데 (1장 5자 반+4자 5치)가 필요하므로 다음 비례식이 성립한다.

1장 5자 반+4자 5치 : 1장 5자 반=10필 2장 6자 : (물들인 비단)

1장=10자, 1필=32자이므로 다음과 같이 변형된다.

20 : 15.5=346 : (물들인 비단)

$$(\text{물들인 비단}) = \frac{346 \times 15.5}{20} = 268.15(\text{자})$$

이것을 필법으로 고치면 8필 1장 2자 1치 반을 얻는다.

〔17-7〕 지금 한 사람이 쌀 653섬을 사들인다. 한 말의 값은 128문이고 차에 실어 주는 비용〔각전(脚錢)은 비용이다.〕은 한 말에 32문이고 이 비용은 사들인 쌀로 준다. 각각의 쌀은 얼마인가? 〔1말이 2율이다.〕
今有客糴米六百五十三碩　斗價一百二十八文　雇車裝載每斗脚錢〔雇價也〕三十二文 止於米內依元價折還 問各幾何〔一斗爲二率〕

답: 산 사람의 쌀 522섬 4말〔4율〕
　　비용의 쌀 130섬 6말
答曰客米五百二十二碩四斗〔四率〕
　　脚米一百三十碩六斗

쌀의 수에 한 말의 값을 곱하고〔3률〕 이것을 실로 한다. 한 말 값과 비용을 합하여 법으로 하여〔1률〕 나누면 산 사람이 갖는 쌀을 얻고 쌀의 양에서 이 쌀을 뺀 나머지가 비용으로 나가는 쌀이다.
列米數於上以斗價乘〔三率〕爲實 倂斗價脚錢爲法〔一率〕除之 得客米 反減共米餘卽脚米也

☞ 역자 주: 절변호차의 방법에서 먼저 곡식을 구하려면 다음과 같은 비례식을 세울 수 있다.

$$\{(\text{단위 수량의 값})+(\text{단위 수량의 운반비})\}:(\text{단위 수량의 값}) =(\text{주어진 곡식}):(\text{갖는 곡식})$$

$$(\text{갖는 곡식})=\frac{(\text{주어진 곡식})\times(\text{단위수량의 값})}{\text{단위수량의 값})+(\text{단위수량의 운반비})}$$

$$=\frac{6530\times128}{128+32}=5224$$

즉 산 사람이 갖는 쌀은 522섬 4말이다.

〔17-8〕 지금 한 사람이 벼〔나락이 벼이다.〕 889섬 4말 7되 반을 바치고자 한다. 다만 벼 1말은 쌀 6되에 준하고 녹두 8되는 벼 1말과 맞먹는다고 한다. 벼 1말은 그대로 1말로 바친다. 이때 반드시 세 가지 곡식을 같은 양으로 바친다면 각각 바치는 양은 얼마인가? 〔1말이 2율이다.〕
今有人欲納粟〔稻粟也〕八百八十九碩四斗七升半 只云每粟一斗準米六升 綠豆八升折粟一斗 本粟一斗止納一斗 須令三色適等納之 問各停納幾何〔一斗爲二率〕

답: 각 227섬 1말〔4율〕
答曰各二百二十七碩一斗〔四率〕

바치고자 하는 벼의 총수에 6되를 곱하여 얻은 5336말 8되 반〔3률〕을 실로 하고 2말 3되 반〔1률〕을 법으로 하여 나누면 된다. 〔쌀은 벼 378섬 5말에 준하고 녹두는 벼 283섬 8말 7되 반에 맞먹고 본래 벼 227섬 1말은 그대로다.〕
위에서 법수는 각각 6되를 비율로 한다. 쌀 6되를 벼 1말에 곱하면 6되를 얻고, 다시 6되로 나누면 1말을 얻으므로 쌀 6되는 벼 1말과 같다. 쌀 6되를 벼 1말에 곱하면 6되를 얻고, 다시 8되로 나누면 7되 5홉을 얻으므로 녹두 6되는 벼 7되 5홉과 같다. 쌀 6되를 벼 1말에 곱하면 6되를 얻고 1말로 나누면 다시 6되를 얻어 벼는 6되이다. 세 수를 모두 더하여 2말 3되 반이 되어 법으로 한다.

列共粟以米六升乘　得五千三百三十六斗八升半〔三率〕爲實　以二斗三升半〔一率〕爲法而一合問　〔米準粟三百七十八碩五斗　豆折粟二百八十三碩八斗七升半　本粟二百二十七碩一斗〕

右爲法數者　各以六升爲率◯米六升乘本粟一斗　得六升　又以六升而一　還得一斗　故米折粟一斗也◯米六升乘本粟一斗　得六升　又以八升而一　得七升五合　故綠豆折粟七升五合也◯米六升乘本粟一斗　得六升　以一斗而一　還得六升　故本粟得六升也◯三位相併卽二斗三升半爲法也

☞ 역자 주: 벼, 쌀, 녹두를 모두 6되 기준으로 환산하면 다음과 같다.

벼 6되 → 벼 6되

쌀 6되 → 벼 10되

녹두 6되 → 벼 7.5되

따라서 세 곡식을 각각 x되씩 바친다면 다음 식이 성립한다.

$$x+\frac{10}{6}x+\frac{10}{8}x=88947.5$$

$$6x+10x+7.5x=88947.5\times 6$$

$$x=\frac{553685}{23.5}=22710(\text{되})=227(\text{섬})\ 1(\text{말})$$

〔17-9〕 지금 순금이 50냥 있다. 8푼 금[125]을 만들려고 한다. 은을 얼마나 넣어야 하는가? 〔1냥은 푼율에 준한다.〕

今有足色金五十兩 欲爲八分金 問入銀幾何〔一兩準分率〕

답: 12냥 5전

答曰一十二兩五錢

125) 순도 80% 금을 말한다.

금의 수〔3률〕를 실로 하고 8푼〔1률. 8푼은 $\frac{8}{10}$이다.〕을 법으로 하여 나누면 62냥 반〔4율〕이다. 여기에서 50냥을 뺀 나머지를 은으로 넣으면 합당한 답을 얻는다. 〔순금 1냥에 은 2전 5푼을 넣는다. 금 1푼이 1률이다.〕

列金數〔三率〕爲實 以八分〔一率○八分乃十分之八也〕爲法而一 得六十二兩半〔四率〕内減五十兩 餘卽入銀合問〔足色金一兩入銀二錢五分 金一分爲一率〕

☞ 역자 주: 구하는 은의 양을 x라 하면 다음이 성립한다.

$$(50+x)\times\frac{8}{10}=50$$

$$50+x=50\times\frac{10}{8}$$

$$x=62.5-50=12.5$$

〔17-10〕 지금 은 12냥 5전과 순금 50냥을 섞어서 달구었다. 색채의 푼수는 얼마인가? 〔1푼이 2율〕

今有銀一十二兩五錢 足色金五十兩 併而同煉 問爲顔色分數幾何〔一分爲二率〕

답: 8푼색〔4율. 바로 앞 문제의 환원이다.〕

答曰八分色〔四率○卽上問之還原也〕

금 50냥〔3률〕을 실로 하고 금과 은을 모두 합한 62냥 반〔1률〕을 법으로 하여 나누면 합당한 답이다.

列金五十兩〔三率〕爲實 併金銀得六十二兩半〔一率〕爲法除之合問

☞ 역자 주: $\frac{(\text{금의 양})}{(\text{금과 은의 총량})}=\frac{50}{50+12.5}=\frac{8}{10}$

〔17-11〕 지금 실 62근 반〔바로 1000냥이다.〕이 있어 금 10냥과 바

꾸었다. 이때, 금 10냥에는 8푼 반 금이 5냥이고 7푼 반 금이 5냥이다. 두 가지 금 한 냥은 실 얼마와 값이 같은가? [1냥이 2율]
今有絲六十二斤半[卽一千兩] 換金一十兩 內八分半金五兩 七分半金五兩 問二色金每兩直絲幾何[一兩爲二率]

답: 8푼 반 금 한 냥은 실 6근 10냥 2전 5푼
　　7푼 반 금 한 냥은 실 5근 13냥 7전 5푼
答曰八分半直六斤一十兩二錢五分
　　七分半直五斤一十三兩七錢五分

실(絲)의 양을 냥으로 고쳐[3률] 실(實)로 하고 5냥에 8푼 반을 곱하고 다시 5냥에 7푼 반을 곱하여 얻은 수를 합한 수 8냥[1률. 이것이 10푼 금 수이다.]을 법으로 하여 실을 나누면 125냥을 얻는다. [4율. 바로 1냥 금의 실 수이다.] 이것을 8푼 반으로 곱하고 다시 또 7푼 반으로 곱하여 각각 근으로 간단히 나타내면 합당한 답이다. [8푼 반, 7푼 반은 모두 10푼이 기본이다. 앞의 문장에서 $\frac{8}{10}$이 8푼금이다. 이 방법에서 10냥의 8은 8냥이다. 두 방법이 같은 이치이다.]
列絲通兩[三率]爲實 列五兩以八分半乘之 又列五兩以七分半乘之 得數併得八兩[一率○乃是十分金數也]爲法除實 得一百二十五兩[四率○乃一兩金之絲數] 副置上位以八分半乘 下位以七分半乘之 又各以斤率約之合問[八分半七分半皆以十分爲母○上文十分之八爲八分金 此法十兩之八爲八兩 二術一理也]

☞ 역자 주: 두 종류의 금 10냥에 들어있는 금의 수는 다음과 같다.

$$\frac{8.5}{10}\times 5+\frac{7.5}{10}\times 5=4.25+3.75=8(\text{냥})$$

8냥 금에 해당하는 실의 양이 1000냥이므로, 8푼 반 1냥에 해당하는 실을 x(냥)이라 하면 다음 비례식이 성립한다.

$$\frac{8.5}{10}:x=8:1000$$

$$x=\frac{1000}{8}\times\frac{8.5}{10}=106.25(\text{냥})=6(\text{근})\ 10(\text{냥})\ 2(\text{전})\ 5(\text{푼})$$

7푼 반 1냥의 경우도 마찬가지로 구한다.

〔17-12〕 지금 벼〔나락이 벼이다.〕가 19섬 6말 8홉 있다. 조미와 세미의 두 가지 쌀을 만들고자 하나 조미〔거친 쌀이다. 조미 1되를 찧으면 세미 6홉 4작이 나온다.〕 8되에는 벼 1말이 필요하고 세미 5되 1홉 2작에는 벼 1말이 필요하다. 이때, 반드시 조미의 수를 세미의 수의 2배로 한다면 각각은 얼마인가? 〔1말이 2율〕
今有粟〔稻粟也〕一十九碩六斗空八合 欲爲糙細二米 糙米〔麤米也 一升舂得細米六合四勺〕八升用粟一斗 細米五升一合二勺用粟一斗 須令糙米倍之細米之數 問各幾何〔一斗爲二率〕

답: 세미 4섬 4말 3홉 2작〔4율. 벼 8섬 6말〕
조미 8섬 8말 6홉 4작〔벼 11섬 8홉〕
答曰細米四碩四斗空三合二勺 〔四率◯粟八碩六斗〕
糙米八碩八斗空六合四勺 〔粟一十一碩空空八合〕

벼의 수에 5되 1홉 2작을 곱하면 100말 3되 9홉 2작 9초 6촬〔3률〕이고, 이것을 실로 한다. 2말 2되 8홉〔1률〕을 법으로 하여 나누면 세미의 양을 얻고 2배하면 조미의 양이다.
위에서 법의 수는 각각 5되 1홉 2작을 비율로 한다. 세미의 1정에서 5되 1홉 2작을 1말에 곱하면 5되 1홉 2작을 얻고 다시 5되 1홉 2작으로 나누면 1말로 돌아온다. 그러므로 세미는 벼 1말과 같다. 조미 2정에서 5되 1홉 2작을 2배하여 1말에 곱하면 1말 2홉 4작이고 8되로 나누면 1말 2되 8홉이다. 그러므로 조미는 벼 1말 2되 8홉과 같다. 두 수를 합하면 2말 2되 8홉을 얻어 법이 된다. 〔1정, 2정은 1푼, 2푼과 같은 뜻이다.〕
列粟數以五升一合二勺乘 得一百空空斗三升九合二勺九秒[126]六撮〔三率〕爲實 以二斗二升八合〔一率〕爲法除之 得細米 倍之爲糙米
右法數者各以五升一合二勺爲率◯細米一停以五升一合二勺乘一斗 得五升一合二勺 又以五升一合二勺而一 還得一斗 故細米折粟一斗也◯糙米二停以五升一合二勺倍之 以乘一斗 得一斗空二合四勺 以八升而一 得一斗二升八合

126) 秒를 抄로 고쳐야 한다.

故糙米折粟一斗二升八合也○二位併得二斗二升八合爲法也〔一停二停猶一分二分之義〕

☞ 역자 주: 세미 0.512말은 벼 1말, 그 2배인 조미 1.024말은 벼 $1.024\times\frac{10}{8}=1.28$(말)에 해당한다. 이제 세미를 x말 만든다고 하면, 조미는 $2x$ 말이고 다음 식이 성립한다.

$$\frac{1}{0.512}x+\frac{1.28}{1.024}\times 2x=196.08$$

$$(1+1.28)x=196.08\times 0.512$$

$$x=\frac{100.39296}{2.28}=44.032(\text{말})=4(\text{섬})\ 4(\text{말})\ 3(\text{홉})\ 2(\text{작})$$

이것이 세미의 양이고 2배하여 조미를 얻는다.

〔17-13〕 지금 소금이 5700인[127] 있다. 큰 배와 작은 배의 수의 비가 1대 2가 되도록 실으려고 할 때, 다만 큰 배 3척에는 500인을 싣고 작은 배 4척에는 300인을 싣는다고 한다. 배의 척수는 각각 얼마인가? 〔1척이 2율〕

今有鹽五千七百引 欲令大船一停 小船二停載之 只云大船三隻載五百引 小船四隻載三百引 問各幾何〔一隻爲二率〕

답: 큰 배 18척〔4율〕, 작은 배 36척

答曰大船一十八隻〔四率〕 小船三十六隻

큰 배	3	5
작은 배	4	3

왼쪽 열에 3척과 4척을, 오른쪽 열에 500과 300을 나타내고 분모와 분자를 서로 곱하여〔오른 쪽 위 방향으로 2000, 오른쪽 아래 방향으로 2배하여 1800〕 두 수를 합하여 3800〔1률〕이다. 이것을 법으로 한다. 왼쪽 열의 분모를 서로 곱하여 얻은 12에 지금 있는 소금의 양을 곱하

127) 인(引)은 10장에 해당하는 길이의 단위이기도 하고 무게를 나타내는 단위로도 쓰인 경우에는 405근을 말한다. 또는 400근이다.

여〔2율〕[128] 실로 한다. 나누면 큰 배의 수이고 2배하면 바로 작은 배의 수이다. 〔오른쪽 위 방향으로 곱한 수를 2배하지 않은 것은 1정이기 때문이다. 오른쪽 아래 방향으로 곱한 수를 2배한 것은 2정이기 때문이다.〕

列三隻四隻於左行 五百三百於右行 母互乘子〔右上二千 右下倍之一千八百〕

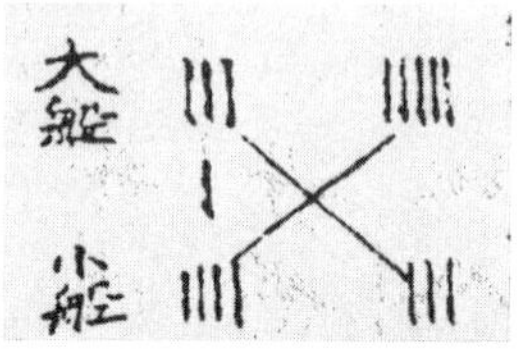

二位倂三千八百〔一率〕爲法　左行分母相乘得一十二 以乘今有鹽〔二率〕爲實 除之得大船 倍之卽小船〔右上不倍者一停也 右下倍之二停也〕

☞ 역자 주: 큰 배의 척수를 x라 하면 작은 배의 척수는 $2x$이고, 한 배에 싣는 소금의 양은 각각 $\frac{500}{3}$인과 $\frac{300}{4}$인이므로 다음 식이 성립한다.

$$\frac{500}{3}x+\frac{300}{4}\cdot 2x=5700$$

$$(4\times 500+3\times 300\times 2)x=5700\times 4\times 3$$

$$x=\frac{68400}{3800}=18$$

이것이 큰 배의 척수이고 2배하면 작은 배의 척수를 얻는다.

〔17-14〕 지금 마군 7명에게 아래 옷감[129] 견 2필 2장을 주고 보군 6명에게 위 옷감[130] 견 4필 3장 2자를 준다. 지금 견이 모두 6622필 4자가 있다. 같은 수의 마군, 보군에게 나누어준다면 각각 몇 명에게 나누어주겠는가?〔1명이 2율. 필법은 38자〕

今有馬軍七人給腿裙絹二匹二丈 步軍六人給胖襖絹四匹三丈二尺 今共有絹六千六百二十二匹四尺 欲給馬步軍人適等 問各幾何〔一人爲二率○匹法三十八尺〕

답: 각 5670명〔4율〕

答曰各五千六百七十人〔四率〕

---

128) 3률로 고쳐야 한다.

129) 裙은 치마와 같이 아래 입는 옷이다. 腿裙은 말을 탈 때 편리한 군복이다.

130) 襖은 위에 입는 옷이다. 胖襖는 화살과 창을 막는 군복이다.

마 7 96
보 6 184

먼저 7명을 왼쪽 위에, 6명을 왼쪽 아래에 놓는다. 또 96자를 오른쪽 위에 184자를 오른쪽 아래에 놓고 좌우를 서로 곱하여 오른쪽 위 방향은 576이고 오른쪽 아래 방향은 1288이다. 두 수를 모두 합하여 1864〔1률〕이고 이것을 법으로 한다. 왼쪽 열 분모를 서로 곱하여 42를 얻고〔이때 이것은 마군은 42명이 아래 옷감 견 576자를 얻고 보군 42명이 위 옷감 견 1288자를 얻는다는 것이다.〕 모든 견을 고쳐서 4자를 더하여 분모 42를 곱하여〔3률〕 실로 하고 법으로 나누면 마군, 보군 각 5670명을 얻어 합당한 답이다.

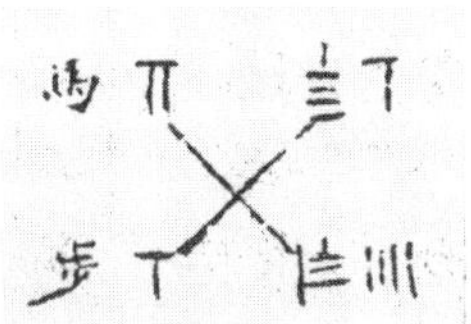

先列七人於左上 六人於左下 又列九十六尺於右上 一百八十四尺於右下左右 互乘 右上五百七十六 右下一千二百八十八 二位併一千八百六十四〔一率〕爲法 左行分母相乘 得齊四十二〔乃是馬軍四十二人得腿裙絹五百七十六尺 步軍四十二人得胖襖絹一千二百八十八尺〕 列共絹通匹搭入四尺 以分母乘之〔三率〕爲實 以法而一 各得五千六百七十人合問

☞ 역자 주: 마군 7명에게 주는 견을 자로 고치면 $2\times38+20=96$(자)이므로 마군 1명마다 $\frac{96}{7}$자를 받는다. 마찬가지로 보군 1명마다 받는 견은 $\frac{184}{6}$자이다. 전체 견을 자로 고치면 $6622\times38+4=251640$(자)이므로, 마군과 보군을 각각 x명이라 할 때, 다음 식이 성립한다.

$$\frac{96}{7}x+\frac{184}{6}x=251640$$

$$576x+1288x=251640\times42$$

$$x=\frac{10568880}{1864}=5670$$

즉 마군과 보군의 수는 각각 5670명이다.

〔17-15〕 지금 군량미가 13477섬 $1\frac{1}{3}$말 있다. 이것을 군인들에게 나

누어주고자 한다. 다만 마군 6명마다 53말, 수군 7명마다 54말, 보군 9명마다 55말을 나누어주고 마군의 수는 수군의 수의 반이고 보군은 마군보다 보군의 $\frac{2}{3}$가 많다고 한다. 세 가지 군인의 수와 군량미는 각각 얼마인가? 〔1명이 2율. 중반은 $\frac{1}{2}$, 태반은 $\frac{2}{3}$〕

今有粮一萬三千四百七十七碩一斗三分斗之一 欲給軍人 只云馬軍六人給五十三斗 水軍七人給五十四斗 步軍九人給五十五斗 其馬如水中半 步多如馬太半 問三色軍及粮各幾何 〔一人爲二率○中半二之一 太半三之二〕

답: 마군 3164명〔4율〕 군량미 2794섬 $8\frac{2}{3}$말

수군 6328명 군량미 4881섬 6말

보군 9492명 군량미 5800섬 $6\frac{2}{3}$말

答曰馬軍三千一百六十四人〔四率〕 粮二千七百九十四碩八斗三分斗之二

水軍六千三百二十八人 粮四千八百八十一碩六斗

步軍九千四百九十二人 粮五千八百空空碩六斗三分斗之二

마 6 53
수 7 54
보 9 55

왼쪽 열에 6명, 7명, 9명을 나타내고 53말, 54말, 55말을 오른쪽 열에 나타내자. 좌우를 서로 곱할 때 오른쪽 위에 곱한 것은 3339이다. 〔보 9에 수 7을 곱하고 다시 53을 곱한 것〕 오른쪽 중앙에 곱한 것은 2배하여〔2분의 1이기 때문이다.〕 5832이다. 〔보 9에 마 6을 곱하고 다시 54를 곱하여 배한 것〕 오른쪽 아래에 곱한 것을 3배하여 6930이다. 〔마 6에 수 7을 곱하고 다시 55를 곱하고 3배한 것〕 세 수를 모두 합하여 다시 3배〔1률〕하여 법으로 한다. 왼쪽 열에 있는 수를 모두 곱하여 378이고 모든 군량미를 가분수로 고쳐 분자에 378을 곱하여〔3률〕 실로 한다. 법으로 나누어 마군을 얻고 2배하면 수군이 되고 3배하면 바로 보군이다. 각 군의 군량미를 구하려면 각 군의 군인 수에 지급하는 군량미의 수를 곱하고 각 군의 비율로 나누면 합당한 답이다.

〔또 3배한 것은 통분이다. 먼저 3배한 것은 태반이기 때문이다.〕

馬　6　53

水　7　54

步　9　55

列六人七人九人於左行 五十三斗五十四斗五十五斗於右行 左右互乘訖 右上三千三百三十九〔步九乘水七 又乘五十三〕 倍〔中半故也〕右中得五千八百三十二〔步九乘馬六 又乘五十四而倍之〕 三因右下得六千九百三十〔馬六乘水七 又乘五十五而三之〕 共倂又三因之〔一率〕爲法 左行相乘三百七十八 列共粮通内 以三百七十八乘〔三率〕爲實 如法而一得馬軍 倍之爲水軍 三之卽步軍 求各粮者 列三色軍數 各以本色給粮乘爲實 以各軍率除之合問〔又三因者通分也 先三因者太半故也〕

☞ 역자 주: 마군을 x명이라 하면, 수군은 $2x$이고 보군은 $3x$이며 다음 식이 성립한다.

$$\frac{53}{6}x+\frac{54}{7}\cdot 2x+\frac{55}{9}\cdot 3x=134771\frac{1}{3}$$

$$3(53\cdot 7\cdot 9+54\cdot 2\cdot 6\cdot 9+55\cdot 3\cdot 6\cdot 7)x=(134771\cdot 3+1)\cdot 6\cdot 7\cdot 9$$

$$x=\frac{404314\times 378}{3\times(3339+5832+6930)}=\frac{152830692}{48303}=3164$$

이것이 마군의 수이고 2배하여 수군, 3배하여 보군을 얻는다.

18 쌍거호환(雙據互換)

〔호환이란 것은 신율은 들어가고 구율은 나오는 것이다. 〈구장산술〉에서 칭한 바에 따르면 속미이다.〕

〔互換者 入新率出舊率 九章名粟米〕

〔18-1〕 지금 베 짜는 일꾼 24명이 192일동안 비단을 1152필 짠다. 62명이 360일동안 비단을 짠다면 얼마를 짜는가? 〔1필이 2율〕

今有織匠二十四人 一百九十二日 織錦一千一百五十二匹 欲令六十二人織三百六十日 織幾何 〔一匹爲二率〕

답: 5580필〔4율. 한 명이 하루 $\frac{3}{12}$필을 짠다.〕

答曰五千五百八十匹 〔四率◯一人一日織十二分匹之三〕

360일에 62명을 곱하고 다시 짠 비단의 필수를 곱한다. 〔3률〕 이것을 실로 한다. 192일에 24명을 곱하고〔1률〕 이것을 법으로 하여 나누면 합당한 답을 얻는다. 〔쌍거호환의 방법은 학자들이 곱하고 나누는 이론에 대하여 아는 바 적다. 여기에 있는 비단을 짜는 세 문제는 반복환원을 설명해주기 위하여 준비한 것이다.〕

列三百六十日以六十二人乘 又以織錦匹數乘〔三率〕爲實 列一百九十二日 以二十四人乘〔一率〕爲法除合問 〔雙據互換之法 學者少識所乘所除之理 此問織錦三術反復還原備也〕

☞ 역자 주: 15 비례사율에서 설명한 <구장산술>의 금유술 또는 경률술에 관련된 문제이다. 구하는 비단의 수를 x라 하면 다음 비례식이 성립한다.

$$24\times192 : 1152 = 62\times360 : x$$

$$x = \frac{1152\times62\times360}{24\times192} = \frac{25712640}{4608} = 5580(\text{필})$$

풀이에서는 경률술로 하여 다음과 같은 비례식을 생각한 것이며, 이하 두 문제도 마찬가지이다.

$$24\times192 : 1 = 1152\times62\times360 : x$$

〔18-2〕 지금 베 짜는 일꾼 12명이 96일간 비단을 576필 짠다. 31명이 2790필을 짜려면 며칠만에 끝내는가? 〔1일이 2율〕
今有織匠一十二人 九十六日 織錦五百七十六匹 欲令三十一人織二千七百九十匹 問幾日畢〔一日爲二率〕

답: 180일〔4율. 한 사람이 하루 $\frac{3}{6}$필을 짠다. 앞의 문제와 같다.〕
答曰一百八十日 〔四率◯一人一日織六分匹之三 下同〕

2790필에 96일을 곱하고 다시 12명을 곱하여〔3률〕 실로 하고, 576필에 31명을 곱하여〔1률〕 법으로 하여 나눈다.
列二千七百九十匹 以九十六日乘 又以十二人乘〔三率〕爲實 列五百七十六匹 以三十一人乘〔一率〕爲法除合問

〔18-3〕 지금 베 짜는 일꾼 12명이 96일 동안 비단 576필을 짠다. 지금 180일 동안 2790필을 짜려면 몇 명의 베 짜는 일꾼이 필요한가? 〔1명은 2율〕
今有織匠一十二人 九十六日織錦五百七十六匹 今一百八十日織二千七百九十匹 問織匠幾何 〔一人爲二率〕

답: 31명〔4율. 앞과 같다.〕
答曰三十一人 〔四率◯上同〕

2790필에 96일을 곱하고 다시 12명을 곱하여〔3률〕 실로 하고, 180일에 576필을 곱하여〔1률〕 법으로 하여 나누면 합당한 답을 얻는다.
列二千七百九十匹 以九十六日乘 又以十二人乘〔三率〕爲實 列一百八十日以五百七十六匹乘〔一率〕爲法除合問

〔18-4〕 지금 소금 굽는 일꾼 9명이 7일 동안 소금을 55인 50근 굽는다. 지금 일꾼을 185명 더 써서 48일 동안 굽는다면 얻는 소금은 얼마

인가? 〔1인이 2율이다.〕
今有鹽丁九人 七日煎鹽五十五引五十斤 今增一百八十五人煎四十八日 得鹽幾何 〔一引爲二率〕

답: 8148인〔4율. 한 사람이 하루 8푼 7리 반, 즉 35근[131]을 굽는다.〕
答曰八千一百四十八引 〔四率○一人一日煎八分七厘半 卽三十五斤[132]〕

185명에 9명을 더하여 여기에 48일을 곱하고 다시 구운 소금 55인 1푼 2리 반을 곱하여〔3률〕 실로 하고, 9명에 7일을 곱하고〔1률〕 법으로 하여 나누면 합당한 답이다. 〔1인의 비율이 405근이나 여기에서의 비율은 400근이다. 인 아래의 푼리는 역시 근하유법과 같이 한다. 무릇 400을 10푼으로 한다면 바로 1근은 2호 5사이다.〕
列一百八十五人荅〔同搭[133]〕入九人 以四十八日乘 又以煎鹽五十五引一分二厘半乘〔三率〕爲實 列九人以七日乘〔一率〕爲法除合問 〔一引率四百零五斤而 此率則四百斤○引下分厘亦倣斤下留法用之 蓋以四百約十分則一斤各二毫五絲〕

☞ 역자 주: 주에서 1인=400근에 따르면 55인 50근은 55.125인이므로 다음 비례식이 성립한다.

$$9\times 7 : 55.125 = (9+185)\times 48 : x$$

$$x = \frac{194\times 48\times 55.125}{63} = 8148$$

〔18-5〕 지금 배에 물건을 싣는다. 500근의 물건을 싣고 80리 가는 비용이 150문이다. 지금 86000근의 물건을 싣고 3400리를 가려면 비용이 얼마인가? 〔1문이 2율. 이 문제는 소금 굽는 문제와 뜻이 같고 지금 문제나 차를 고용하여 길을 가는 문제가 같은 종류이기 때문에 여기에 인용하였다.〕

131) 틀렸다. 35근을 350근으로 고쳐야 한다.
132) 三百五十斤으로 고쳐야 한다.
133) 荅은 이 경우에 搭과 뜻이 같다는 말이다.

今有船載物 裝重五百斤行路八十里 脚錢一百五十文 今載八萬六千斤欲行三千四百里 與脚錢幾何 〔一文爲二率◯此問與煎鹽義同而 今有之及雇車行道相類 故引草證之〕

답: 1096관 500문〔4율. 1근을 싣고 1리 가는 비용은 3호 7사 반이다.〕
答曰一千空九十六貫五百文 〔四率◯一斤行一里錢三毫七絲半〕

지금 싣는 화물의 무게에 가고자 하는 거리를 곱하고 다시 비용을 곱하여〔3률〕 실로 하고, 다시 조건에 있는 무게에 거리를 곱하여〔1률〕 법으로 하여 나누면 바로 필요한 비용을 얻는다.
列今載以欲行乘之 又以脚錢乘〔三率〕爲實 又列裝重以行路乘〔一率〕爲法除之 卽得與脚錢

☞ 역자 주: 구하는 비용을 x라 하면 다음 비례식이 성립한다.

$$500\times 80 : 150 = 86000\times 3400 : x$$

$$x=\frac{4386\times 10^{7}}{4\times 10^{4}}=1096500(\text{문})=1096(\text{관})\ 500(\text{문})$$

〔18-6〕 지금 기장 1섬 5말은 쌀 8말 4되로 바꿀 수 있고 쌀 4말 5되로 술 7말 8되를 만든다. 지금 술 25섬 $7\frac{17}{75}$말을 만들려면 기장이 얼마 필요한가? 〔1말이 2율〕
今有黍一石五斗 變米八斗四升 每米四斗五升造酒七斗八升 今欲造酒二十五碩七斗七十五分斗之一十七 問用黍幾何 〔一斗爲二率〕

답: 26섬 5말〔4율. 기장 1말은 쌀 5되 6홉으로 바꾸고 술 9되 $7\frac{1}{15}$홉을 만든다.〕
答曰二十六碩五斗〔四率◯黍一斗變米五升六合　造酒九升七合十五分合之一〕

지금 만들고자 하는 술의 양을 가분수로 고쳐 분자에 1섬 5말을 곱하고 다시 4말 5되를 곱하여 1302210〔3률〕을 얻어 실로 한다. 조건의 바뀌는 쌀의 양에 만든 술의 양을 곱하고 다시 분모 75를 곱하여 얻은 4914〔1률〕를 법으로 하여 나누면 합당한 답이다.

列今欲造酒通内 以一碩五斗乘 又以四斗五升乘 得一百三十空萬二千二百一十〔三率〕爲實 列變米以造酒乘 又以分母七十五乘 得四千九百一十四〔一率〕爲法而一合問

☞ 역자 주: 기장 1섬 5말로 만들 수 있는 술의 양이 7말 8되× $\frac{8말\ 4되}{4말\ 5되}$ 이므로, 구하는 기장의 양을 x라 하면 다음 비례식이 성립한다.

$$7.8\times\frac{8.4}{4.5}:15=257\frac{17}{75}:x$$

$$x=\frac{19292\times15\times4.5}{8.4\times7.8\times75}=\frac{1302210}{4914}=265(말)$$

19 구차분화(求差分和)

〔양휘법에서 말하는 '이율분신'이다. '이'는 달리 쌍이라고도 한다.〕
〔楊輝法謂之二率分身 二亦作雙〕

차분화합법이란 더욱 정교하다.
비싼 값을 먼저 총수에 곱하고
지금의 수에서 총액을 뺀다.
나머지를 실로 하는 것은 확실하구나.
별도로 두 값을 서로 빼어
이때 남은 돈을 법으로 하여
나누면 먼저 싼 물건의 수가 되고
스스로 나머지 비싼 물건의 수도 이루어진다.
〔달리 말하여 '화합차분'이다.〕
差分和合法尤精 高價先乘共物情
卻用都錢減今數 餘留爲實甚分明
別用二價也相減 用此餘錢爲法行
除了先爲低物價 自餘高價物方成
〔一云和合差分〕

☞ 역자 주: 단가가 k와 l인($k>l$) 두 가지 물건이 있어 비싼 물건의 개수를 x, 총 개수를 a, 총액을 b라 하면 $kx+l(a-x)=b$가 성립한다. 차분화합법은 다음과 같이 나타낼 수 있다.

$$\frac{ka-b}{k-l}=\frac{ka-kx-l(a-x)}{k-l}=a-x$$

곧 싼 물건의 개수를 얻는다.
한편 싼 물건의 개수를 y라 하면 $k(a-y)+ly=b$가 성립하고 다음과 같이 비싼 물건의 개수를 먼저 구할 수 있다.

$$\frac{b-la}{k-l}=\frac{k(a-y)+ly-la}{k-l}=a-y$$

〔19-1〕 지금 닭과 토끼가 100마리 있다. 다리의 총수는 272개이다. 다만 닭의 다리는 둘이고 토끼의 다리는 넷이라고 한다. 닭과 토끼는 각

각 몇 마리인가? 〔1마리가 2율〕
今有鷄兎一百 共足二百七十二隻 只云鷄足二兎足四 問鷄兎各幾何 〔一隻爲二率〕

답: 닭 64마리〔4율〕, 토끼 36마리
答曰鷄六十四隻〔四率〕 兎三十六隻

100에 토끼의 다리 4를 곱하고 거기에서 다리의 총수를 뺀 나머지〔3률〕를 실로 하고 닭과 토끼의 다리 수를 뺀 나머지〔1률〕를 법으로 하여 나누면 닭의 수를 얻고 또 100에서 빼면 토끼의 수이다.
列一百以兎足四乘 內減共足餘〔三率〕爲實 列鷄兎足相減餘〔一率〕爲法而一得鷄 反減一百卽兎

별해: 100을 2배하여 다리의 총수에서 뺀 나머지를 2로 나누면 토끼의 수이다. 〔2배하는 것은 닭의 다리가 2이기 때문이다. 2로 나누는 것은 닭과 토끼의 다리 수의 차가 2이기 때문이다.〕
又術倍一百以減共足餘半之 卽兎也 〔倍之鷄足二也 半之鷄兎較二也〕

☞ 역자 주: 차분화합법을 그대로 적용하면 다음과 같이 닭의 수를 얻는다.

$$\frac{100\times4-272}{4-2}=64$$

한편 닭의 수를 x라 할 때 다음과 같이 비례식을 세워 풀 수 있다.

$$(4-2):1=(100\times4-272):x$$

$$x=\frac{100\times4-272}{4-2}$$

별해는 다음과 같이 토끼의 수를 먼저 얻기 위한 차분화합법을 이용한 것이다.

$$\frac{272-100\times2}{4-2}=36$$

〔19-2〕 지금 돈이 29관 687문 5푼 있다. 밀과 납을[134] 합하여 모두 146근 6냥을 샀다. 다만 납은 한 근 값이 380문이고, 밀은 한 근 값

134) 밀은 벌꿀을 말하며, 납은 꿀찌끼로 만든 기름을 말한다.

이 68문이라고 한다. 각각 얼마를 샀는가? 〔1냥이 2율〕
今有錢二十九貫六百八十七文五分 共買蜜蠟一百四十六斤六兩 只云蠟斤價三百八十文 蜜斤價六十八文 問各幾何〔一兩爲二率〕

답: 밀 83근 2냥〔4율〕
　　납 63근 4냥
答曰蜜八十三斤二兩〔四率〕 蠟六十三斤四兩

밀과 납의 총량을 근으로 고쳐서 납의 한 근 값을 곱하면 55관 622문 5푼을 얻고 여기에서 가진 돈을 뺀 나머지〔3률〕를 실로 한다. 밀과 납의 한 근 값들을 서로 뺀 나머지〔1률〕를 법으로 하여 나누면 밀의 양을 얻는다. 〔근 아래의 푼은 신외가6하여 냥이 된다.〕 다음 총량에서 밀의 양의 뺀 나머지가 납의 양이다.
列蜜蠟共數斤下留兩 以蠟斤價乘 得五十五貫六百二十二文五分 內減今有錢餘〔三率〕爲實　列蜜蠟斤價相減餘〔一率〕爲法除得蜜〔斤下分身外加六爲兩〕反減共數餘卽蠟也

별해: 밀과 납의 총량에 밀의 한 근 값을 곱하여 지금 가진 돈에서 뺀 나머지를 밀과 납의 한 근 값들의 차이로 나누면 납의 양이다.
又術列共數以蜜斤價乘之 以減今有錢餘 以蜜蠟斤價之較除 得蠟

☞ 역자 주: 싼 밀의 양을 먼저 구하는 차분화합법은 다음과 같다.

$$\frac{146.375\times380-29687.5}{380-68}=\frac{25935}{312}=83.125(\text{근})=83(\text{근})\ 2(\text{냥})$$

한편 비싼 납의 양을 먼저 구하는 별해의 방법은 다음과 같다.

$$\frac{29687.5-146.375\times68}{380-68}=\frac{19734}{312}=63.25(\text{근})=63(\text{근})\ 4(\text{냥})$$

〔19-3〕 지금 벼와 쌀〔벼 및 쌀, 즉 두 가지〕 17섬 3되의 값은 19관 403문이다. 다만 벼 한 말의 값은 75문이고, 쌀 한 말의 값은 164문이라고 한다. 각각의 양은 얼마인가? 〔1말이 2율〕
今有粟米〔粟及米二色〕一十七碩空三升 直錢一十九貫四百空三文 只云粟斗

價七十五文 米斗價一百六十四文 問各幾何〔一斗爲二率〕

답: 쌀 7섬 4말 5되〔주 4율〕
　　벼 9섬 5말 8되
答曰米七碩四斗五升〔四率〕 粟九碩五斗八升

벼와 쌀의 총수에 벼의 한 말 값을 곱하여 얻은 12관 772문 5푼을 총물건 값에서 뺀 나머지〔3률〕를 실로 하고, 벼와 쌀의 한 말의 값들을 서로 뺀 나머지〔1률〕를 법으로 하여 나누면 쌀의 양을 얻는다. 벼와 쌀의 총수에서 쌀의 양을 빼면 나머지가 벼의 양이다.
列粟米共數 以粟斗價乘 得一十二貫七百七十二文五分 以減直錢〔三率〕餘爲實 列粟米斗價相減餘〔一率〕爲法而一 得米 反減共數餘卽粟

별해: 벼와 쌀의 총수에 쌀 한 말의 값을 곱하여 여기에서 벼와 쌀의 총수의 값을 뺀 나머지를 벼와 쌀의 한 말 값들의 차로 나누면 벼의 양이다.
又術列共數以米斗價乘之 內減直錢餘 以粟米斗價之較 除之得粟

☞ 역자 주: 비싼 쌀의 양을 먼저 구하는 차분화합법은 다음과 같다.

$$\frac{19403-170.3\times75}{164-75}=\frac{6630.5}{89}=74.5(\text{말})=7(\text{섬})\ 4(\text{말})\ 5(\text{되})$$

한편 싼 벼의 양을 먼저 구하는 별해의 방법은 다음과 같다.

$$\frac{170.3\times164-19403}{164-75}=\frac{8526.2}{89}=95.8(\text{말})=9(\text{섬})\ 5(\text{말})\ 8(\text{되})$$

〔19-4〕 지금 금병 12개와 은병 15개가 있다. 저울에 무게를 재어보니 금병 전체의 무게와 은병 전체의 무게가 서로 같다. 한 개만 서로 바꾸어 재니 금병 쪽이 5냥 7전 반 가벼워졌다. 두 가지 병들의 각각 하나의 무게는 얼마인가? 〔1개가 2율〕
今有金甁一十二隻 銀甁一十五隻 秤之重適等 交換一隻而秤之 金輕五兩七錢半 二色各一重幾何 〔一隻爲二率〕

답: 금병 한 개의 무게 28냥 7전 반〔상4율〕
　　은병 한 개의 무게 23냥〔하4율〕
答曰金甁一隻重二十八兩七錢半〔上四率〕 銀甁一隻重二十三兩〔下四率〕

금병의 가벼워진 수를 위의 자리에 놓고 15를 곱하고〔상3률〕 아래의 자리에 놓고 12를 곱하고〔하3률〕 각각을 실로 한다. 금, 은병의 수를 서로 뺀 나머지 3개〔1률〕를 법으로 하여 나누면 윗자리는 금병의 무게, 아랫자리는 은병의 무게이다. 〔3개는 병의 개수의 차이다.〕
副置金輕上位十五之〔上三率〕 下位十二之〔下三率〕 各爲實 列金銀相減餘三隻〔一率〕爲法除 上金重下銀重〔三隻較之〕

☞ 역자 주: 본문의 풀이와 답이 모두 잘못 되었다. 즉 금병과 은병의 무게의 차를 5냥 7전 반이라고 하고 풀었다. 금병과 은병 한 개를 각각 바꾸면 무게는 금병과 은병의 무게의 차의 2배만큼 가벼워진다. 따라서 정답은 본문의 금병과 은병의 무게를 2로 나눈 수이다.
오늘날의 방법으로 풀어보자. 금병과 은병 하나의 무게를 각각 x, y라 하면 다음 식이 성립한다.

$$\begin{cases} 12x = 15y \\ 11x + y + 5.75 = 14y + x \end{cases}$$

이 식을 풀면 $x = 14.375$, $y = 11.5$이다.

〔19-5〕 지금 라비단 7자의 값은 능비단 9자의 값과 같다. 다만 능비단 한 자의 값은 라비단 한 자의 값보다 36문이 작다고 한다. 두 가지 비단 한 자의 값은 각각 얼마인가? 〔1문이 2율〕
今有羅七尺 綾九尺 價適等 只云綾尺價 不及羅尺價三十六文 問二色尺價各幾何〔一文爲二率〕

답: 라비단 한 자의 값 162문〔4율〕
　　능비단 한 자의 값 126문
答曰羅尺價一百六十二文〔四率〕 綾尺價一百二十六文

능비단의 자수에 36문을 곱하여〔3률〕 실로 하고, 능비단과 라비단의 자수를 서로 뺀 나머지 2자〔1률〕를 법으로 하여 나누면 라비단 한 자의 값이다. 여기서 모자라는 값을 뺀 나머지가 능비단 한 자의 값이다. 〔양휘법에서는 이것을 말하기를 '쌍률분신' 또는 '익적분신'이라고 한다.〕
置綾尺以三十六文乘〔三率〕爲實 列綾羅尺相減餘二尺〔一率〕爲法而一 得羅尺價 内減不及餘綾價 〔楊輝法以此謂之 雙率分身 亦曰匿積分身〕

별해: 라비단의 자수에 36문을 곱하고 능비단과 라비단의 자수의 차 2자로 나누면 능비단 한 자의 값이다.
又術置羅尺以三十六文乘之 以綾羅尺之較二尺除之 得綾尺價

☞ 역자 주: 모두 라비단에 대해 생각해보자. 라비단 9자와 라비단 7자의 값의 차이는 라비단 9자와 능비단 9자의 값의 차이와 같고, 능비단이 라비단보다 36문 싸므로 그 값은 9×36이다. 따라서 라비단 2자의 값이 9×36이고, $\frac{9\times 36}{2}$은 구하는 1자의 값이 된다.

또는 라비단 1자의 값을 x라 하면 능비단 1자의 값은 $x-36$이므로 다음 식이 성립한다.

$$7x=9(x-36)$$

$$x=\frac{9\times 36}{9-7}=162$$

〔19-6〕 지금 좋은 말은 하루에 240리를 가고 둔한 말은 하루에 150리를 간다. 둔한 말이 12일 먼저 간 후에 좋은 말이 며칠만에 둔한 말을 따라 잡을 것인가? 〔1일이 1률〕
今有良馬日行二百四十里 駑馬日行一百五十里 駑先行一十二日 問良幾何日追及之 〔一日爲一率〕

답: 20일〔4율. 좋은 말은 20일 동안 4800리 갈다. 둔한 말은 32일 동안 4800리 간다.〕
答曰二十日 〔四率○良馬二十日四千八百里 駑馬三十二日四千八百里〕

12일에 둔한 말이 하루에 가는 거리를 곱하여〔3률〕 실로 하고, 좋은 말과 둔한 말의 하루 가는 거리 수를 서로 뺀 나머지 90리〔1률〕를 법으로 하여 나눈다. 〔90리는 차이다.〕
列一十二日　以駑馬日行乘〔三率〕爲實　列良駑馬里數相減餘九十里〔一率〕爲法而一〔九十里較也〕

별해: 12일에 좋은 말이 하루 가는 거리 수를 곱하고 90리를 법으로 하여 나누면 32일을 얻는다. 여기서 12일을 빼면 20일을 얻는다.
又術列十二日 以良馬日行乘之 以九十里爲法而一 得三十二日 内減一十二日 得二十日

☞ 역자 주: 하루에 240－150＝90(리)가 차이 난다. 둔한 말이 먼저 간 거리 12×150리를 따라 잡는 데 걸리는 일 수를 x라 하면 다음 식이 성립한다.

$$90 : 1 = 12\times 150 : x$$

$$x = \frac{1800}{90} = 20$$

한편 별해의 방법은 좋은 말과 둔한 말이 좋은 말이 12일동안 가는 거리만큼 떨어져 있을 때 좋은 말이 둔한 말을 따라잡는 데 걸리는 일 수를 구한 다음 12일을 뺀 것이다. <구일집>에서 홍정하는 같은 유형의 문제를 별해의 방법으로 풀고 있다.

〔19-7〕 지금 금과 은을 모두 합하여 100정 있고 값은 1702관 750문이다. 다만 금 1정 값으로 은 7정을 사고 금과 은의 한 냥의 값의 차는 750문이라고 한다. 금, 은 및 한 냥의 값은 각각 얼마인가? 〔정률은 각 50냥이다.〕
今有金銀一百鋌 直錢一千七百空二貫七百五十文 只云金一鋌價買銀七鋌 二色兩價差七百五十文 問金銀兩價各幾何〔鋌率各五十兩〕

답: 금 28정 37냥, 한 냥 값 875문
　　은 71정 13냥, 한 냥 값 125문
答曰金二十八鋌三十七兩　每兩價八百七十五文
　　銀七十一鋌一十三兩　每兩價一百二十五文

은 7정을 고쳐서 냥으로 나타내어 금과 은 한 냥 값의 차를 곱하여 실로 한다. 300냥을 법으로 하여 나누면 금 한 냥의 값을 얻는다. 〔법수는 바로 은 350냥에서 금 50냥을 뺀 나머지이다.〕 금 한 냥의 값에서 차를 뺀 수가 은 한 냥의 값이다. 또 100정을 냥으로 고쳐서 금 한 냥의 값을 곱하여 거기서 전체의 값을 뺀 나머지를 실로 하고 차를 법으로 하여 나누면 은의 냥수를 알고 5000냥〔바로 100정〕에서 은의 냥수를 빼면 금의 냥수이다. 각각을 정률로 고쳐서 간단히 표시한다. 〔금 1정은 50냥, 은 7정은 350냥, 차는 300냥〕

列銀七鋌通之 以差乘爲實 以三百兩爲法而一 得金兩價 〔法數乃銀三百五十兩內減金五十兩之餘〕 內減差數 卽銀兩價 又列一百鋌通兩 以金兩價乘 內減直錢餘爲差實 以差爲法除 得銀兩數 反減五千兩〔卽百鋌〕 餘卽金兩數 各以鋌率約之 〔金一鋌五十兩 銀七錠三百五十兩 較三百兩〕

별해: 금 1정을 고쳐서 50냥이고 여기에 한 냥 값의 차를 곱하고 금과 은의 차 300냥으로 나누면 은 한 냥의 값이다. 여기에 값의 차를 더하면 바로 금의 한 냥 값이다. 100정을 냥으로 고쳐서 은 한 냥의 값을 곱하여 전체의 값에서 뺀 나머지를 한 냥 값의 차를 법으로 하여 나누면 금의 냥수이다.

又術金一鋌通五十兩 以差乘之 以金銀較三百兩除之 得銀兩價 以加差數 卽金兩價 又列百鋌通兩 以銀兩價乘 以減直錢餘 以差爲法除 得金兩數

☞ 역자 주: 금과 은을 합하여 5000냥의 값이 1702750문이다. 금 50냥의 값과 은 350냥의 값이 같으므로, 금과 은 한 냥의 값은 각각 $\frac{350\times750}{300}=875$(문)과 $\frac{50\times750}{300}=125$(문)이다. 따라서 차분화합법에 따라 다음과 같이 구한다.

은의 냥 수: $\frac{5000\times875-1702750}{750}=3563$(냥)

금의 냥 수: $\frac{1702750-5000\times125}{750}=1437$(냥)

각각을 정으로 고치면 답의 71정 13냥, 28정 37냥을 얻는다.

〔19-8〕 지금 기름이 1칭 2근 3냥 반 있다. 기도하는 등을 점등하려

하는데, 다만 잔등 넷은 기름 3냥이 필요하고 구등[135] 셋은 기름 5냥이 필요하나 반드시 잔등의 수는 구등의 수의 배라고 한다. 잔등 및 구등의 수와 기름은 각각 얼마인가?
今有油一秤二斤三兩半 欲點醮燈 只云四盞用油三兩 三甌用油五兩 須令盞數倍之甌數 問甌盞及油各幾何

답: 구등 87개, 기름 9근 1냥
　　잔등 174개, 기름 8근 2냥 반
答曰甌八十七隻 油九斤一兩
　　盞一百七十四隻 油八斤二兩半

4　잔　3
3　구　5
4잔과 3구를 왼쪽 열에, 3냥과 5냥을 오른쪽 열에 놓고, 좌우를 서로 곱한다. 왼쪽에서 위로 곱하여 2배하면 18이고 왼쪽에서 아래로 곱하면 20이 되어 합하면 38이다. 이것을 법으로 하고 왼쪽 열을 서로 곱하여 12이고 기름의 총수를 냥으로 고쳐서 12를 곱하여 실로 한다. 법으로 나누면 구등의 수를 얻고 2배하면 잔등의 수이다. [기름의 양을 구하는 것은 이승동제의 방법으로 구한다.]
4　盞　3
3　甌　5
四盞三甌列左行 三兩五兩列右行 左右互乘 左上倍之一十八 左下二十 併之三十八爲法 左行相乘一十二爲乘法 列共油通内 以十二乘爲實除之 得甌數倍之盞數也[求油異乘同除求之] 合問

☞ 역자 주: 1칭=15근, 1근=16냥이다. 따라서 1칭 2근 3냥 반은 275.5냥이고, 구등의 수를 x라 하면 잔등의 수는 $2x$이고 다음 식이 성립한다.

$$\frac{2x}{4}\times 3+\frac{x}{3}\times 5=275.5$$

$$18x+20x=3306$$

$$x=\frac{3305}{38}=87$$

---

135) 사발등을 뜻한다.

한편 87개 구등의 기름 양을 y라 하면, 이승동제에 따라 다음이 성립한다.

$$3:5=87:y$$

$$y=\frac{5\times 87}{3}=145(\text{냥})=9(\text{근})1(\text{냥})$$

〔19-9〕 지금 대나무가 일곱 마디 있는데, 아래 두 마디에〔분모〕 쌀 3되가 들어가고, 위 세 마디〔분모〕에 쌀 2되가 들어간다. 가운데 두 마디와 각 마디마다 얼마의 쌀이 들어가는가?

今有竹七節　下二節〔分母〕容米三升　上三節〔分母〕容米二升　問中二節及逐節各容幾何

답: 아래 첫 마디 $1\frac{16}{27}$되, 다음 $1\frac{11}{27}$되, 다음 $1\frac{6}{27}$되

다음 $1\frac{1}{27}$되, 다음 $\frac{23}{27}$되, 다음 $\frac{18}{27}$되, 다음 $\frac{13}{27}$되

答曰下初一升二十七分升之十六

次一升二十七分升之十一

次一升二十七分升之六

次一升二十七分升之一

次二十七分升之二十三

次二十七分升之十八

次二十七分升之十三

2 하 3

3 상 2

2마디와 3마디를 왼쪽 열에, 3되와 2되를 오른쪽 열에 놓고 좌우를 서로 곱한다. 오른쪽 위로 곱하면 9이고 오른쪽 아래로 곱하면 4이다. 큰 수에서 작은 수를 뺀 나머지는 5이고 차의 실로 한다. 〔마디마다의 차수〕 분모를 서로 곱하여 6을 승법으로 하고 다시 3마디와 2마디를 더하여 2로 나누어〔2마디 반〕 7마디에서 빼면 나머지가 4마디 반이다. 여기에 분모 6을 곱하여 얻은 27을 법으로 한다.〔1되의 분모〕 실을 법으로 나누어 1되를 얻어 바로 비율이 되어 서로 제거하여 간다. 〔'1되

가 바로 비율이 되어 서로 제거하여 간다' 하는 본문의 일곱 자는 마땅히 '$\frac{5}{27}$되(二十七分升之五)'라는 모두 일곱 자이어야 한다.][136] 27에서 3되[아래 두 마디에 들어가는 쌀의 양]을 곱하여 81이고 여기에 차 5를 더하여 2로 나누면[아래 두 마디로 나눈 것이다.] $1\frac{16}{27}$되를 얻어 아래 첫마디에 들어가는 쌀의 양이다. 순차적으로 차를 감하여 각 마디의 쌀의 양을 얻는다. [2되를 27에 곱하여 54를 얻고 세 마디로 나누어 위 세 마디의 가운데 마디의 수 18을 얻는다. 이 방법은 〈동문산지〉에 있다.]

2 下 3
3 上 2

二節三節列左行 三升二升列右行 左右互乘 右上九 右下四 以少減多餘五爲差實[逐節差數] 分母相乘六爲乘法 又併三節二節半之[二節半] 以減七節餘四節半 以分母六乘得二十七爲法[一升分母] 實如法而一得一升 卽衰相去也 [一升卽衰相去也 七字當作二十七分升之五共七字] 列二十七以三升 [下二節所容米]乘之八十一 加差五而半之[下二節而一也] 得一升二十七分升之十六 乃下初節所容之數 遞減逐節卽得[以二升乘二十七得五十四 以三節而一 得上三節之中數一十八 此法亦見同文算指]

☞ 역자 주: 각 마디에 들어가는 양은 등차수열을 이룬다. 가장 아래마디에 들어가는 양을 a라 하고 각 마디의 차이를 d라 하면, 위 세 마디의 양은 차례대로 $a-6d,\ a-5d,\ a-4d$이므로 그 합은 다음과 같다.

$$3a-15d=2 \quad \cdots①$$

아래 두 마디의 양은 $a-d,\ a$이므로 그 합은 다음과 같다.

$$2a-d=3 \quad \cdots②$$

식①과 ②를 다음과 같이 풀어 d와 a를 구할 수 있다.

$$\begin{array}{rl} & 6a-30d=4 \\ -) & \underline{6a-3d\ =9} \\ & 27d=5 \end{array}$$

$$d=\frac{5}{27},\ \text{식 ②에서}\ a=\frac{27\times3+5}{27\times2}=1\frac{16}{27}$$

136) 저자 황윤석이 이 문제를 인용한 원본에 있는 잘못을 지적하고 있는 부분이다.

〔19-10〕 지금 대나무 10마디가 있다. 아래 3마디에는 쌀을 27홉 넣을 수 있고 위 4마디에는 쌀을 10홉 넣을 수 있다. 가운데 3마디 및 마디를 따라서 각각 얼마의 쌀을 넣을 수 있는가? 〔이 문제는 비록 가운데 여러 마디에 대해서는 묻고 있지 않지만 역시 여기서 미루어 알 수 있다. 무릇 열 마디 중에서 만약 아래 3마디를 알면 바로 위의 7마디, 만약 위의 4마디를 알면 아래 6마디, 다시 만약 위 아래 5마디를 안다는 등 이들은 모두 중앙의 마디에 대한 수의 물음은 없다.〕
今有竹十節 下三節容米二十七合 上四節容米一十合 問中三節及逐節各容幾何 〔此法雖不問其中諸節者 亦可以此推之 蓋十節内 若擧下三節則上七節 若擧上四節則下六節 又若擧上下各五節 凡若此者幷無中央節數之問〕

답: 아래 첫째 10홉, 다음 위 9홉, 다음 위 8호, 다음 위 7홉, 다음 위 6홉, 다음 위 5홉, 다음 위 4홉, 다음 위 3홉, 다음 위 2홉, 가장 위 1홉
答曰下初一十合 次上九合 次上八合 次上七合 次上六合 次上五合 次上四合 次上三合 次上二合 最上一合

포산 그림을 이용한다.
3 하 27
4 상 10
왼쪽 아래의 4개 마디에 오른쪽 위를 곱하면 108이다. 왼쪽 위의 3개 마디에 오른쪽 아래를 곱하면 30이다. 서로 곱한 것을 끝내고 큰 수에서 작은 수를 뺀다면 78을 얻어 이것이 마디마다의 차의 실이다. 다시 왼쪽 위의 3마디와 왼쪽 아래의 4마리를 서로 곱하여 12를 얻어 이것이 승법이다. 이제 3마디와 4마디를 합하여 2로 나누면 3마디 반이 되고 이것을 10마디에서 빼면 6마디 반이고 위에 있는 12를 곱하면 78을 얻는다. 이것이 1홉의 분모가 되어 법이다. 법으로 차의 실을 나누면 정확히 마디마다의 차 1홉을 얻어 이른바 초모이다. 이 1홉을 아래 3마디의 27홉에 곱하여 27홉이고 3마디로 나누면 바로 그 3마디의 가운데 마디에 들어가는 9홉이다. 여기에 차 1홉을 더하면 아래 첫 마

디에 들어가는 쌀 10홉이다. 다시 9홉에서 차 1홉을 빼면 바로 아래에서 위로 세 번째 마디에 들어가는 8홉이다. 다시 이 1홉을 위의 4마디의 10홉에 곱하여 얻는 10홉을 2로 나누면 그 4마디의 가운데 2마디에 들어가는 쌀 5홉이고 여기에 차 1홉을 더하여 2로 나누면 이 4마디 중에서 아래에서 위로 올라가는 두 번째 마디에 들어가는 쌀 3홉이다. 다시 5홉에서 차 1홉을 빼고 2로 나누면 바로 이 4마디 중에서 아래에서 위로 올라가는 세 번째 마디에 들어가는 쌀 2홉이다. 3홉에 1홉을 더하면 바로 4마디 중에서 첫 번째 절에 들어가는 쌀 4홉이다. 2홉에서 1홉을 빼면 바로 4마디 중에서 네 번째 마디에 들어가는 쌀 1홉이다. 단, 가장 아래 있는 첫째 마디에 들어가는 쌀 10홉에서 차례로 1홉을 빼면 바로 차차 한 마디씩 위로 올라가는 각 마디에 들어가는 쌀의 수이다. 〔만약 위쪽의 4마디 10홉부터 먼저 미루어 생각한다면, 마디마다의 차 1홉을 위 4마디의 10홉에 곱하여 얻은 10홉을 2로 나누면 바로 그 가운데 2마디에 들어가는 쌀 5홉이다. 이때 차 1홉을 더하여 2로 나누면 그 2마디 안에서 많은 쪽의 3홉으로 아래에서 위로 올라가는 여덟 번째 마디에 들어가는 쌀의 양이다.〕

1, 2, 3, 4, 5, 6, 7, 8, 9, 10 〔초모137)는 1이다.〕

1, 3, 5, 7, 9, 11, 13, 15, 17, 19 〔초모는 2이다.〕

1, 4, 7, 10, 13, 16, 19, 22, 25, 28

초모는 3이다. 이보다 더 나아가서도 모두 이와 같다.

위의 초위의 수는 모에 따라서 같지 않다.

앞뒤의 두 수를 서로 더하여 초모를 더하여 2로 나누면 바로 두 수 중 큰 쪽이다.138)

앞뒤의 세 수를 서로 합하여 3으로 나누면 그 가운데 있는 수를 얻는다. 〔1, 2, 3을 합하면 6이고 3으로 나누면 2이니 바로 가운데 수가 2이다. 무릇 초모가 2 이상인 경우도 모두 이와 같다. 네 수 이상도 역시 이와 같다.〕

앞의 네 수를 서로 합하여 2로 나누면 그 가운데 두 수의 합이다. 여기에 초모를 더하여 2로 나누면 두 수 중에서 큰 쪽이다. 또 초모를 빼고

137) 원문에서 '축절차'라고 한, 마디마다의 차이이다. 오늘 날로 말하면 등차수열의 공차에 해당한다.

138) 등차수열에서 임의의 앞뒤의 두 항을 합하고 여기에 공차를 더하여 2로 나누면 큰 수의 항이다.

2로 나누면 두 수 중에서 작은 쪽이다. 〔1, 2, 3, 4를 더하면 10이고 2로 나누면 5이다. 바로 가운데 두 수 2와 3을 합한 수이다. 여기에 1을 더하여 2로 나누면 3이다. 또 5에서 1을 빼고 2로 나누면 2이다. 먼저 2로 나누는 것은 그 네 개의 수의 반인 두 개로 나눈다는 것이다.139)〕

앞뒤 다섯 개의 수를 더하여 5로 나누면 바로 그 가운데 있는 수를 얻는다. 〔1, 2, 3, 4, 5를 모두 더하면 15이다. 5로 나누면 3이고 바로 한 가운데의 수이다.〕

앞뒤 여섯 개의 수를 서로 더하여 3으로 나누면 바로 그 가운데 있는 두 수의 합을 얻는다. 〔1, 2, 3, 4, 5, 6을 더하면 21이고 3으로 나누면 그 한 가운데 있는 두 수 3과 4를 합한 수이다. 3으로 나누는 것은 그 여섯 개의 수의 반인 세 개로 나눈다는 것이다.140)〕

앞뒤의 수가 7개 이상인 경우도 이와 같이 구한다.

무릇 몇 개의 수를 더할 때 세 개의 수, 다섯 개의 수와 같이 홀수 개의 수를 합할 때는 그 수의 개수로 나누면 바로 가장 가운데 있는 수를 얻는다. 두 개의 수, 네 개의 수와 같이 짝수 개의 수를 합할 때는 그 수의 개수의 반으로 나누면 가장 가운데 두 개의 수를 합한 수를 얻는다.

依圖布算

3 下 27

4 上 10

左下之四節乘右上得一百空八 左上之三節乘右下得三十 互乘訖 以少減多得七十八 爲逐節差實 又以左上之三節 與左下之四節 相乘得一十二爲乘法 乃併三節及四節而半之爲三節半 以減十節得六節半 以上段一十二乘之得七十八爲一合分母是爲法 以除差實正得逐節差一合 卽所謂超母也 以此一合乘下三節之二十七合因 得二十七合 以三節而一 卽其三節之中節所容九合 加差一合 則下初節所容十合 又就九合減差一合 則自下至上第三節所容八合也 又此一合乘上四節之十合因 得十合而半之 卽其四節之中二節所容五合 加差一合而半之 則是四節內自下至上第二節所容三合 又就五合減差一合而半之 則是四節內自下至上第三節所容二合 置三合加一合 則四節內第一節所容四合 置二合減一合 則四節內第四節所容一合也 但自最下初節所容十合遞減一

139) 2는 항의 수 4의 반을 나타낸다.

140) 3은 항의 수 6의 반을 나타낸다.

合 則次次而上各得所容米數也〔若自上四節一十合而先推 則以逐節差一合乘上四節之一十合因得一十合而半之 卽得其中二節之五合 乃加差一合而半之 卽得其中二節內多者之三合 爲自下至上第八節所容〕

一 二 三 四 五 六 七 八 九 十〔超母一〕

一 三 五 七 九 十一 十三 十五 十七 十九〔超母二〕

一 四 七 十 十三 十六 十九 廿二 廿五 廿八〔超母三◯自此以上幷倣此〕

右超位之數亦各隨母不同

如二位相併者 先加超母而半之 卽二位內多者也

如三位相併者 以三而一 卽其中位所得 〔一二三併之爲六 以三而一得二 卽中位之二也◯凡超母二以上幷倣此 四位以上亦倣此〕

如四位相併者先半之 卽其中二位所得 乃加超母而半之 卽二位內多者也 減超母而半之 卽二位內少者也〔一二三四併之爲十而 先半之得五 卽中二位二三之併數也 五加一而半之則三也 就五減一而半之則二也 先半之者 以其四位之半二位而一也〕

如五位相併者 以五而一 卽其正中位所得〔一二三四五併之爲十五 以五而一得三 卽其正中位所得〕

如六位相併者 以三而一 卽其正中二位所得〔一二三四五六併之爲二十一 以三而一得其正中二位三四之併數也 以三而一者 以其六位之半 三位而一也〕

七位以上幷倣此求之

凡位數相併而 如三位相併 五位相併 以奇而併者 以其位而一直得最中位所得者也 如二位相併 四位相併 以耦而併者 以其位數之半而一 乃得最中二位所併者

☞ 역자 주: 각 마디에 들어가는 양은 등차수열을 이룬다. 가장 위마디에 들어가는 양을 a라 하고 각 마디의 차이를 d라 하면, 위 네 마디의 양은 차례대로 $a,\ a+d,\ a+2d,\ a+3d$이므로 그 합은 다음과 같다.

$$4a+6d=10 \quad \cdots ①$$

아래 세 마디의 양은 $a+7d,\ a+8d,\ a+9d$이므로 그 합은 다음과 같다.

$$2a+24d=27 \quad \cdots ②$$

식①과 ②를 다음과 같이 풀어 d와 a를 구할 수 있다.

$$\begin{array}{rl} & 12a+18d=30 \\ -) & \underline{12a+96d=108} \end{array}$$

$$78d=78$$

$$d=1$$

아래 세 마디의 양을 3으로 나눈 9가 중간 마디(아래로부터 제2마디)의 양이고 1을 가감하여 아래와 위 마디의 양 10과 8을 얻는다. 위 네 마디의 양의 반인 5는 네 마디 중 가운데 두 마디(아래로부터 제8과 9마디)의 합이고 여기에 1을 더하고 2로 나누면 두 마디 중 아래(제8마디), 1을 빼고 2로 나누면 두 마디 중 위(제9마디)의 양을 얻는다.

또는 가장 아래가 10이므로 1씩 차례로 빼어나가 각 마디의 양을 구할 수도 있다.

20 삼률분신술(三率分身術)

〔〈양휘산법〉. 이 '삼률분신'의 방법은 양휘가 이미 세 문제를 말하였다. 첫 문제는 모두 세 개의 해가 있고 둘째 문제와 셋째 문제는 각각 모두 네 개의 해가 있다. 이들 모두 처음에는 정하여 있지 않은 수이므로 〈장구건산경〉의 본경이나 양휘가 이미 인용하여 바르게 만들었다. 본래의 방법은 없다고도 한다.〕
〔楊輝算法○此三率分身之術 楊輝已列三條而 第一條共有三端 第二第三兩條 各共有四端 蓋是皆元係無定之數 故張丘建本經輝已引攷以爲正 無本法云爾〕

〔20-1〕 지금 장닭 한 마리에 5문, 암탉 한 마리에 3문, 병아리 세 마리에 1문이다. 모두 100문으로 닭 100마리를 살 때 장닭, 암탉, 병아리를 각각 모두 몇 마리씩 사야 하는가?
今有鷄翁一直五文 鷄母一直三文 鷄雛三直一文 凡一百文買鷄百隻 問翁母雛各幾何

답: 장닭 8마리 값 40문
암탉 11마리 값 33문
병아리 81마리 값 27문
答曰鷄翁八隻直四十文 鷄母十一隻直三十三文 鷄雛八十一隻直二十七文

돈 100문을 실로 한다. 다시 장닭 한 마리, 암탉 한 마리에 병아리 수 3을 곱하여〔장닭은 3, 암탉도 3〕 여기에 병아리 세 마리를 합하여 모두 9이다. 이것을 법으로 하여 실을 나누면 11이다. 이 11을 암탉의 수로 한다. 나머지 1을 법의 수 9에서 뺀 나머지 8을 장닭의 수로 한다. 달리 닭의 총수 100마리에서 장닭 8마리, 암탉 11마리를 뺀 나머지 81마리를 병아리로 하여 각각의 값을 곱하여 합하면 100문이 되어 합당한 답이다.
置錢一百文爲實 又置鷄翁一鷄母一 各以鷄雛三因之〔鷄翁得三 鷄母得三〕 併鷄雛三共得九爲法除實得一十一 爲鷄母數 不盡一反減下法九餘八爲鷄翁

數 別列鷄都數一百隻 減翁八母十一 餘八十一爲鷄雛數 置翁母雛各價因之合問

별해: 장닭 한 마리 값 5문, 암탉 값 3문, 병아리 값 1문을 모두 합하여 9이다. 이것을 법으로 하여 실을 나눈다.
又術用翁一直五文 母直三文 雛直一文 倂得九爲法除實

별해: 〈장구건산경〉에서 말하기를 장닭이 4마리 늘어나고〔12마리가 된다.〕 암탉이 7마리 줄어들고〔4마리가 된다.〕 병아리가 3마리 많아져도〔84마리가 된다.〕 모두 합하면 100마리이다. 따라서 합당한 답이다.〔다른 한 가지는 장닭은 4마리 줄어들고 암탉은 7마리 늘어나고 병아리는 3마리 줄어든다는 것이다. 모두 세 가지가 있다.〕
又一術張丘建算經云 鷄翁每增四〔得十二隻〕 鷄母每減七〔得四隻〕 鷄雛每益三〔得八十四隻〕 共百鷄合問 〔又一端翁每減四 母加七 雛減三○共有三端〕

☞ 역자 주: 이 문제는 중국 산학에서 부정 문제의 기원으로 간주되는 5세기 <장구건산경>의 백계문이다. 원문에는 다음과 같은 세 개의 답을 제시하고 있지만 그 방법으로 제시된 것은 세 개의 답 사이의 관계일 뿐 그 하나를 어떻게 구하는 것인지에 대해서는 언급되어 있는 바가 없다.

답: 4마리 수탉은 모두 20전
18마리 암탉은 모두 54전
78마리 병아리는 모두 26전
또는: 8마리 수탉은 모두 40전
11마리 암탉은 모두 33전
81마리 병아리는 모두 27전
또는: 12마리 수탉은 모두 60전
4마리 암탉은 모두 12전
84마리 병아리는 모두 28전

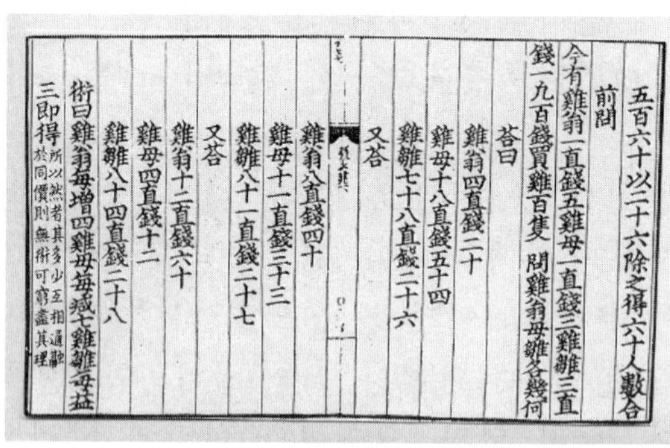
五百六十以二十六除之得六十人數合
前問
今有雞翁一直錢五雞母一直錢三雞雛三直
錢一九百錢買雞百隻 問雞翁母雛各幾何
荅曰
雞翁四直錢二十
雞母十八直錢五十四
雞雛七十八直錢二十六
又荅
雞翁八直錢四十
雞母十一直錢三十三
雞雛八十一直錢二十七
又荅
雞翁十二直錢六十
雞母四直錢十二
雞雛八十四直錢二十八
術曰雞翁每增四雞母每減七雞雛每益
三即得所以然者其多少互相通融於同價則無術可窮盡其理

실제로 이 문제에서 미지수는 3개이고 조건은 2개밖에 없으므로 해가 일의적으로 정해지지 않는다. 미지수의 값은 정수여야 하므로 본 문제는 다음과 같이 부정방정식으로 풀 수 있다.

각각의 마리 수를 x, y, z라 하면 다음 식이 성립한다.

$$\begin{cases} 5x+3y+\frac{1}{3}z=100 \\ x+y+z=100 \end{cases}$$

$$15x+9y+100-x-y=300$$

$$14x+8y=200$$

$$7x+4y=100$$

$$y=25-\frac{7}{4}x$$

x, y, z는 모두 자연수이므로 $x=4t$, $y=25-7t$, $z=75+3t$이다. 이때 미지수의 값을 양의 정수로 제한하면 답은 원문에 제시된 대로 3가지 경우가 있다. 다시 말해, 위의 답은 t=1, 2, 3인 경우로 자연수 범위에서 모든 해를 찾은 것이다.

〔20-2〕 돈 100문을 내서 온감, 녹귤, 변귤을 모두 100개 산다. 다만 온감 한 개는 7문, 녹귤 한 개는 3문, 변귤 세 개는 1문이라고 한다. 각각 몇 개씩 사는가?
出錢一百買溫柑綠橘匾橘共一百枚 只云溫柑一枚七文 綠橘一枚三文 匾橘三枚一文 問各買幾何

답: 온감 6개 계 42문
녹귤 10개 계 30문
변귤 84개 계 28문
答曰溫柑六枚計四十二文 綠橘十枚計三十文 匾橘八十四枚計二十八文

〈변고통원〉에 다음과 같은 풀이가 있다. 돈 100에 3을 곱하면 300이고 과일 총수 100을 빼면 나머지가 200이다. 이것을 실로 한다. 온감 값을 3배하면 21이고 여기서 1을 빼어 나머지는 20이다. 다시 녹귤 값을 3배하면 9이고 여기서 1을 빼면 나머지는 8이다. 모두 합하여 28이 되어 이것을 법으로 하여 실을 나누면 6을 얻어 바로 온감과 녹귤 각 6개의 수이다. 실의 나머지는 32이다. 원래 법 28에서 온감의 분 수 20을 빼면 나머지가 8이고 실을 나누면 4이다. 이것을 앞에서 얻은 녹귤의 수에 더하면 모두 10개이다. 따라서 온감과 녹귤의 수는 모두 16개이고 총수 100개에서 빼면 나머지 84개가 바로 변귤의 수이다. 〔3으로 곱한 것은 변귤 3개가 1문이기 때문이다. 또 한 가지는 온감이 2개 많아지고 녹귤이 5개 적어지고 변귤이 3개 많아지는 것이다. 다시 두 번째 방법은 온감은 2개 적어지고 녹귤은 5개 많아지고 변귤은 3개 적어지는 것이다. 모두 4가지가 있다. 다시 1단, 다시 2단, 이와 같이 감귤에서 생각한다. 앞에서 온감과 녹귤을 구할 때 28로 200을 나누어 7이면 당연히 감과 귤의 수는 7이 된다. 그러나 이때는 실의 나머지가 4가 되어 28에서 20을 뺀 나머지 8로 실을 나누면 겨우 5리이다. 이것을 녹귤 7개에 더하면 7개 반이 되어 바로 5리 개 이하는 0이므로 7개로 하나 6을 쓴다.〕

辯古通源算草曰 置錢一百以三因爲三百分 内減共數一百枚 餘二百分爲實 三因溫柑價得二十一 内減一餘二十分 又三因綠橘價得九 内減一餘八分 併之得二十八爲法 除實得六枚 乃溫柑綠橘各六枚之數 實餘三十二分 以元法二十八 減去溫柑二十分餘八 除實得四 加先得綠橘 共十枚之數 以溫柑綠橘共十六枚 減都數一百 餘八十四 卽匾橘之數〔三因者 匾橘三枚一文故也◯又一端溫每加二 綠減五 匾加三◯又二端溫再減二 綠加五 匾減三◯共有四端◯又一端又二端與柑橘之 又一又二者同◯右溫綠法 二十八分以除二百分 當得各七枚之數 但如此則實餘四分而 以二十八内減二十餘八除實 餘僅得五厘 以加綠七得七枚半 卽五厘枚下有零 故酌取稍少於七枚者而用六耳〕

☞ 역자 주: 온감, 녹귤, 변귤 각각의 개수를 x, y, z라 하여 방정식을 세우면 다음과 같다.

$$\begin{cases} 7x+3y+\frac{1}{3}z=100 \\ x+y+z=100 \end{cases}$$

<변고통원>의 해법을 설명해보자.

$$\begin{cases} 21x+9y+z=300 \\ x+y+z=100 \end{cases}$$

$$20x+8y=200$$

($x=y$라 하면) $200\div28=6 \cdots 32$이므로 $x=y=6$이다. 이때 나머지 32는 8에서 기인한 것으로 간주되므로(20으로 나누어지지 않으므로) $32\div8=4$, 따라서

온감은 6개이고 녹귤은 $(6+4)$개다. 변귤은 $100-(6+10)$개이다. 여기서 황윤석이 덧붙인 설명은, 200을 28로 나눈 몫은 7이지만 그 경우 나머지가 4가 되어 온감, 녹귤의 한 개 값도 안 되기 때문에 몫을 6으로 한다는 것에 대한 보충 설명이다. 또한 해 사이의 관계를 밝히며 4가지 해가 존재함을 덧붙인다. 그 해를 오늘날의 방식으로 구해보면 다음과 같다.

$$21x+9y+100-x-y=300$$

$$20x+8y=200$$

$$5x+2y=50$$

$$x=10-\frac{2}{5}y$$

x, y, z는 모두 자연수이므로 $x=10-2t$, $y=5t$, $z=90-3t$이다. 따라서 $t=1$, 2, 3, 4인 경우의 각 해는 (8, 5, 87), (6, 10, 84), (4, 15, 81), (2, 20, 78)이다.

〔20-3〕 순주는 1말에 7관, 행주는 1말에 3관, 이주는 3말에 1관이다. 지금 돈을 10관 써서 술을 10말 산다면 각각의 술을 얼마씩 사야 하는가?

醇酒每斗七貫 行酒每斗三貫 醨酒三斗一貫 今支一十貫買酒十斗 問幾何

답: 순주 6되, 값 4관 200문
　　행주 1말, 값 3관
　　이주 8말 4되, 값 2관 800문

答曰醇酒六升價四貫二百文 行酒一斗價三貫 醨酒八斗四升價二貫八百文

☞ 역자 주: 이 문제는 앞에 있는 감귤의 문제와 같은 문제이다. 단위를 고쳐서 돈 10관을 100개의 100문, 10말을 100되로 하여 문제를 고치면, '순주는 1되에 700문, 행주는 1되에 300문, 이주는 3되에 100문이다. 지금 100문을 100개 써서 100되의 술을 산다면 각각 얼마씩 사는가?'로 되어 앞에 있는 감귤 문제와 일치한다.

풀이는 다음과 같다. 술 10말과 돈 10관을 놓고 먼저 행주 1말에 3관을 제하면 1말이 나오고 돈은 7관이 남는다. 바로 순주와 이주 9말의 총 액수이다. '쌍분신술'로 푼다. 이주는 3말 값이 1관과 서로 합하여 값이 7관〔3배하여 21〕이나 순주는 1말 값이 7관〔역시 3배하여 21〕이므로 이주 3말 값이 1관인 이주 1관을 9말에 곱하여 돈의 총액에서 빼면 12관이 남아 실로 한다. 순주와 이주의 두 값을 서로 뺀 나머지 20관을 법으로 하여 실을 나누면 순주 6되를 얻어 총수 9말에서 빼면 이주는 8말 4되이다. 각각의 값을 곱하면 합당한 답이다. 〔3배하는 것은 이주 3말이 1관이기 때문이다.〕

草曰置酒十斗錢十貫 先以行酒一斗三貫除 出一斗餘錢七貫 卽醇醨酒九斗共價也 如雙分身術求之內 醨酒三斗直一貫合通分以共價七貫〔三因作二十一〕 醇酒一斗直七貫〔亦用三因二十一〕 醨酒三斗直一貫 以醨酒一貫乘九斗 減共錢 餘一十二貫爲實 以醇醨二價相減餘二十貫爲法 除實得醇酒六升 反減九斗共數 得醨酒八斗四升 以各價乘之合問 〔三因者醨酒三斗直一貫故也〕

☞ 역자 주: 순주, 행주, 이주의 양을 x, y, z라 하여 이 풀이를 현대식으로 표기하면 다음과 같다.

$$\begin{cases} 7x+3y+\dfrac{1}{3}z=10 \\ x+y+z=10 \end{cases}$$

$y=1$이라 하면, $\begin{cases} 7x+\dfrac{1}{3}z=7 \\ x+z=9 \end{cases}$

$$\begin{cases} 21x+z=21 \\ x+z=9 \end{cases}$$

$$20x=12$$

$$x=\frac{12}{20}=0.6,\quad z=9-0.6=8.4$$

〔20-4〕 지금 앞의 세 문제를 볼 때 감귤 문제의 방법을 써서 닭의 문제를 푸는 것은 역시 같다. 오직 술의 문제의 방법으로 닭의 문제를 풀면 비록 100마리와 100문의 수는 같으나 장닭, 암탉, 병아리는 각기 조금씩 다르고 또 닭의 마리 수나 값이 모두 정수이므로 이 방법을 쓰기는 부적절하다.

今按右三法內 用柑橘術求鷄亦同 惟酒術求鷄 雖其百隻百文之數則同而 翁母雛各色少異 又翁雛隻及直錢俱有零數 不當依此術用之耳

장닭 13마리〔$\frac{5}{7}$〕 값 68문〔$\frac{4}{7}$〕

암탉 한 마리 값 3문

병아리 85마리〔$\frac{2}{7}$〕 값 28문〔$\frac{3}{7}$〕

鷄翁十三隻〔七之五〕 直六十八文〔七之四〕
鷄母一隻直三文
鷄雛八十五隻〔七之二〕 直二十八文〔七之三〕

☞ 역자 주: 황윤석의 말대로 닭의 문제를 감귤의 문제, 술의 문제 해법으로 풀어보자.

i) 감귤 문제의 방법: $\begin{cases} 15x+9y+z=300 \\ x+y+z=100 \end{cases}$

$$14x+8y=200$$

($x=y$라 하면) $200\div22=8 \cdots 24$이므로 $x=y=8$이고 이때 나머지 24는 8에서 기인한 것으로 간주되므로 $24\div8=3$, 따라서 $x=8$, $y=8+3=11$이고 $z=100-(8+11)=81$이다.

ii) 술 문제의 방법: $y=1$이라 하면, $\begin{cases} 5x+\frac{1}{3}z=97 \\ x+z=99 \end{cases}$

$$\begin{cases} 15x+z=291 \\ x+z=99 \end{cases}$$

$$14x=192$$

$$\therefore x=\frac{192}{14}=13\frac{5}{7},\quad z=99-13\frac{5}{7}=85\frac{2}{7}$$

이와 같이 정수 해가 아니므로 부적절한 풀이이다.

21 차분균배(差分均配)

〔〈구장산술〉에 있는 쇠분은 모두 표준이 되는 수이다. 〈응용산법〉에서 쇠분은 일정한 율을 갖고 있어 역시 법이 될 수 있다.〕
〔九章衰分 皆準繩之數 惟應用算法衰分兼帶定率 亦可爲法〕

차분의 법은 나눔에서 온다.
나눔이 필요하면 반드시 정확히 나누라.
하나의 비율이 정하여지면
각각의 수에 곱하여 고르게 만든다.
差分之法倂來分　須要分教一分成
將此一分爲定實　以乘各數自均平

☞ 역자 주: 이하는 갑 a, 을 b, 병 c, 정 d 의 비율로 나눌 때 각각의 몫이 총수의 $\frac{a}{a+b+c+d}$, $\frac{b}{a+b+c+d}$, $\frac{c}{a+b+c+d}$, $\frac{d}{a+b+c+d}$ 임을 이용한 문제이다.

〔21-1〕 지금 장과 이 두 사람이 토란을 합하여 팔았다. 장의 토란은 3842근이고 이의 토란은 2638근이다. 토란은 모두 6480근이고 판 돈은 모두 54냥 4전 3푼 2리이다. 각각의 몫은 얼마인가?
今有張李二人合數賣芋 張三千八百四十二斤 李二千六百三十八斤 共芋六千四百八十斤 共買銀五十四兩四錢三分二厘 問該銀若干

답: 장의 몫 32냥 2전 7푼 2리 8호
　　이의 몫 22냥 1전 5푼 9리 2호
答曰張三十三兩二錢七分二厘八毫
　　李二十二兩一錢五分九厘二毫

풀이: 총액을 실로 하고 토란을 모두 합한 수를 법으로 하여 나누면 토란 한 근에 8리 4호이다. 이것을 법으로 하고 장과 이의 각 토란을 실

로 하여 법인 8리 4호를 곱하면 바로 각 사람의 은 수를 얻는다. 〔각각의 토란에 은의 총액을 곱하여 실로 하고 토란의 총수를 법으로 하여 나누면 각각의 은을 얻는다고 〈지명산법〉에 나와있다.〕
法曰置銀爲實 共芋爲法除之 得每斤八厘四毫爲法 別以張李各芋爲實 以八厘四毫乘之 卽得各銀數 合問 〔但以各芋乘共銀爲實 共芋爲法除之 得各銀出指明算法〕

☞ 역자 주: 토란 1근 당 값은 $\frac{54.432}{6480}=0.0084$냥이다. 따라서 장과 이의 몫은 각각 3842×0.0084, 2638×0.0084이다. 한편 <지명산법>의 풀이는 장과 이의 몫을 각각 $54.432\times\frac{3842}{6480}$, $54.432\times\frac{2638}{6480}$로 계산한 것이다.

〔21-2〕 지금 갑, 을, 병 세 사람이 이익금 45관 36문을 나눈다. 갑의 원금은 58관, 을의 원금은 45관, 병의 원금은 36관이다. 각 사람의 이익금을 나눈 돈은 얼마인가?
今有甲乙丙共分息錢四十五貫三十六文 甲元錢五十八貫 乙元錢四十五貫 丙元錢三十六貫 各分息幾何

답: 갑 18관 792문
을 14관 580문
병 11관 664문
答曰甲一十八貫七百九十二文
乙一十四貫五百八十文
丙一十一貫六百六十四文

세 사람의 원금에 각각 이익금을 곱하여 실로 하고 각 사람의 원금을 모두 합하여 법으로 하여 나누면 각 사람이 얻는 이익금이다.
三色元錢 各以息錢乘 各爲列實 併各元錢爲法而一 各得分錢之數

☞ 역자 주: 다음과 같이 구한다.

$$갑: 45036\times\frac{58}{58+45+36}=18792$$

$$을: 45036\times\frac{45}{58+45+36}=14580$$

$$병: 45036\times\frac{36}{58+45+36}=11664$$

〔21-3〕 지금 갑, 을, 병 세 사람이 실을 내어 비단을 54필 2장 4자 짰다. 갑의 실은 9근 8냥, 을의 실은 8근 10냥, 병의 실은 7근 6냥이다. 각 사람이 나누어 갖는 비단은 얼마인가? 〔필법은 26자이다.〕
今有甲乙丙出絲 織羅五十四匹二丈四尺 甲絲九斤八兩 乙絲八斤一十兩 丙絲七斤六兩 各分羅幾何 〔匹法二十六尺〕

답: 갑 20필 1장 2자
　　을 18필 1장 5자
　　병 15필 2장 3자
答曰甲二十匹一丈二尺 乙一十八匹一丈五尺 丙一十五匹二丈三尺

비단의 필을 고쳐서 자로 나타낸다. 각 사람이 낸 실(絲)을 냥으로 고쳐서 앞의 자수와 곱하여 각 사람의 실(實)로 한다. 각 사람이 낸 실(絲)을 모두 합하여 법으로 하여 각 실(實)을 나누면 각자가 얻는 비단이다. 필법(1필은 26자)을 써서 간단히 표시한다.
置羅匹通内 各以元絲通内乘之 各爲列實 併各元絲爲法 除各實 卽得各 以匹法約之

☞ 역자 주: 1필=26자, 1장=10자, 1근=16냥이므로 비단과 각 사람의 실을 각각 자와 냥으로 나타내면 다음과 같다.

비단: $54\times26+20+4=1428$(자)

갑: $9\times16+8=152$(냥)

을: $8\times16+10=138$(냥)

병: $7\times16+6=118$(냥)

따라서 각자가 얻는 비단은 다음과 같이 구한다.

갑: $1428\times\frac{152}{152+138+118}=532$(자)

을: $1428\times\frac{138}{152+138+118}=483$(자)

병: $1428\times\frac{118}{152+138+118}=413$(자)

각각의 자수를 26으로 나누어 필로 고치면 답을 얻는다.

〔21-4〕 지금 갑, 을, 병 세 사람이 쌀 33섬 8되를 나눈다. 이때 갑 4, 을 3, 병 1의 비율로 나누면 각각 얼마의 쌀을 갖는가?
今有甲乙丙共分米三十三碩八升 須令甲四乙三丙一分之 各幾何

답: 갑 16섬 5말 4되
을 12섬 4말 5홉
병 4섬 1말 3되 5홉
答曰甲一十六碩五斗四升 乙一十二碩四斗五合 丙四碩一斗三升五合

각 사람의 나누는 비율을 쌀의 총량에 곱하면 갑 1323푼 2리이고 을 992푼 4리이고 병 330푼 8리이다. 이것을 각 사람의 실로 하고 각 사람의 나누는 비율을 모두 합한 수 8을 법으로 하여 나눈다.
各以分率乘共米 甲一千三百二十三分二厘 乙九百九十二分四厘 丙三百三十分八厘 各爲列實 併各分率得八各如法而一得

☞ 역자 주: 풀이에서 分, 厘를 斗, 升으로 고쳐야 한다. 즉 각 사람의 나누는 비율을 쌀의 총량에 곱한 각 사람의 실은 갑 132섬 3말 2되, 을 99섬 2말 4되, 병 33섬 8되이다. 따라서 갑, 을, 병이 갖는 쌀의 양은 다음과 같이 구한다.

갑: $33.08\times\frac{4}{4+3+1}=16.54$(섬)

을: $33.08\times\frac{3}{4+3+1}=12.405$(섬)

병: $33.08\times\frac{1}{4+3+1}=4.135$(섬)

〔21-5〕 지금 갑, 을, 병 세 사람이 돈 71관 900문을 나눈다. 다만 을은 갑의 $\frac{3}{5}$이고 병의 돈보다 1관 800문 더 많다고 한다. 각각 얻는 돈은 얼마인가?
今有甲乙丙共分錢七十一貫九百文 只云乙如甲五分之三 郤多如丙錢一貫八百文 各得幾何

답: 갑 33관 500문
　　을 20관 100문
　　병 18관 300문
答曰甲三十三貫五百文 乙二十貫一百文 丙一十八貫三百文

나누는 돈의 총액에 1관 800문을 더하여 실로 한다. 각 사람의 나누는 비율을 더하면 11을 얻어 법으로 하여 나누면 비율 1에 해당하는 돈이다. 이것을 위에 놓고 5배하면 갑이 갖는 돈이고 아래에 놓고 3배하면 을이 갖는 돈이고 여기에서 1관 800문을 빼면 병이 갖는 돈이다. 〔갑 5, 을 3, 병 3이고 병의 돈에 1관 800을 더하면 이것이 을의 몫 3과 같다. 따라서 병도 역시 비율 3을 이용한다.〕
列共分錢虛加一貫八百文爲實 併各分率得一十一爲法而一 得一分之率 副置上位五之 得甲錢 下位三之 得乙錢 乙錢內減一貫八百文 卽丙錢〔甲五乙三丙三 丙錢加一貫八百 是與乙三相準 故丙亦用三〕

☞ 역자 주: 문제의 조건에 따르면 갑이 갖는 돈을 x라 할 때 다음 식이 성립한다.

$$x+\frac{3}{5}x+(\frac{3}{5}x-1800)=71900$$

따라서 갑, 을, 병이 $71900+1800$을 $1:\frac{3}{5}:\frac{3}{5}$, 즉 $5:3:3$으로 나누는 것으로 생각하여 73700의 $\frac{5}{11}$와 $\frac{3}{11}$이 각각 갑과 을의 몫이고, 을의 몫에서 1800을 빼어 병의 몫을 구한 것이다.

〔21-6〕 지금 갑, 을, 병 세 사람이 서로 합하여 사염을 한다. 갑은 3600인[141], 을은 2150인, 병은 1950인을 냈다. 지금 사정이 있어 사염을 중지하면 얻은 소금 4650인을 세 사람이 얼마씩 갈라야 하는가?
今有甲乙丙相合查鹽 甲三千六百[142]引 乙二千一百五十引 丙一千九百五十引 今鹽不敷止查 得四千六百五十引 問各分鹽幾何

답: 갑 2190인
　　을 1290인
　　병 1170인
答曰甲二千一百九十引 乙一千二百九十引 丙一千一百七十引

각 사람이 원래 낸 양에 사염을 중지할 때 얻은 양을 곱하여 각 사람의 실로 한다. 원래 낸 양을 모두 합하여 법으로 하여 각각의 실을 나누면 합당한 답이다.
各列元引 以止查鹽乘 各爲列實 併各元引爲法 各實如法而一合問

☞ 역자 주: <산학계몽>에서 잘못 베낀 문제이다. 갑이 내는 소금은 3600인이 아니라 3650인이다. 그 경우, 각각의 몫은 4650의 $\frac{3650}{7750}$, $\frac{2150}{7750}$, $\frac{1950}{7750}$으로 답과 일치한다.

〔21-7〕 지금 은이 1칭 1근 10냥 있다. 갑, 을, 병 세 사람이 위에서부터 절반 차〔$\frac{5}{10}$〕로 나누어 갖게 하였다. 각각 얼마씩 갖는가?
今有銀一秤一斤十兩 令甲乙丙從上作折半差〔十分之五〕分之 各得幾何

답: 갑 152냥, 을 76냥, 병 38냥
答曰甲一百五十二兩 乙七十六兩 丙三十八兩

---

141) 3650인으로 고쳐야 한다.
142) '五十'이 빠졌다.

은을 냥으로 나타내어 실로 한다. 각 사람의 몫을 나타내는 비율을 합하면 7이다. 이것을 법으로 하여 나누면 병이 갖는 은이다. 2배하면 을이 갖는 은, 다시 2배하면 갑이 갖는 은이다. 〔갑 4, 을 2, 병 3[143]〕
銀通兩內子爲實 倂各分數得七 爲法而一得丙銀 倍之乙銀 又倍之甲銀 〔甲四乙二丙三〕

☞ 역자 주: 1칭=15근, 1근=16냥이므로 1칭 1근 10냥으로 냥으로 고치면 266냥이다. 이것을 $1:\frac{1}{2}:\frac{1}{4}$, 즉 4:2:1의 비율로 나누는 것이므로 갑, 을, 병의 몫은 각각 266의 $\frac{4}{7}$, $\frac{2}{7}$, $\frac{1}{7}$이 된다.

〔21-8〕 세 사람이 100문의 돈을 고르게 나눈다. 다만 갑은 을보다 5문 많고, 병은 을의 돈의 $\frac{5}{7}$를 갖는다고 한다. 얼마씩 갖는가? 〔이하 양휘차분 문제이다.〕
三人均一百文 只云甲多乙五文 丙得錢如乙七分之五 〔以下楊輝差分〕

답: 갑 40문, 을 35문, 병 25문
答曰甲四十文 乙三十五文 丙二十五文

풀이: 100문에서 먼저 5문을 뺀다. 나머지는 95문이다. 문제에서 병은 을의 $\frac{5}{7}$라고 말하였으므로 병은 당연히 5가 비율이 되고, 갑과 을은 각각 7이 비율이 되어 모두 합하여 19이다. 이것을 법으로 한다. 95에 각 사람의 비율을 곱하고 이것을 법으로 나누면 세 사람이 갖는 돈이고 원래 처음에 뺀 5문을 갑에 더하면 합당한 답이다.
術曰百文內先減五文 餘九十五文 題云丙得乙七之五 丙當以五爲衰 甲乙各以七爲衰 倂之十九爲法 以九十五乘列衰 以法除得數 卻增元減五文添甲合文

143) 병 3을 병 1로 고쳐야 한다.

☞ 역자 주: 문제의 조건에 따르면 을이 갖는 돈을 x라 할 때 다음 식이 성립한다.

$$(x+5)+x+\frac{5}{7}x=100$$

따라서 갑, 을, 병이 $100-5$를 $1:1:\frac{5}{7}$, 즉 $7:7:5$로 나누는 것으로 생각하여 95의 $\frac{7}{19}$과 $\frac{5}{19}$가 각각 을과 병의 몫이고, 을의 몫에 5를 더하여 갑의 몫을 구한 것이다.

〔21-9〕 세 사람이 돈 100문을 고르게 나눈다. 을은 갑의 $\frac{2}{3}$를 갖고 병은 갑보다 28문 적다. 각각 얼마씩 갖는가?
三人均一百 欲令乙得甲三之二 丙少甲二十八文

답: 갑 48문, 을 32문, 병 20문
答曰甲四十八文 乙三十二文 丙二十文

풀이: 28문을 100문에 더하여 총수로 한다. 이것은 병은 갑보다 28문 적기 때문이다. 문제에서 을은 갑의 $\frac{2}{3}$라고 말하였으므로 마땅히 갑의 비율은 3, 을의 비율은 2, 병도 역시 비율이 3이 되어 세 수는 합하면 8이다. 이것을 법으로 한다. 각각의 비율을 총수에 곱하여 법으로 나누면 각각이 얻는 돈이고 이때 병에서는 28문을 빼주어야 한다.
術曰增二十八併一百爲總錢 以應丙少甲之數 題云乙得甲三之二 當以甲衰三 乙衰二 丙亦衰三 併八爲法 各以衰乘總錢 以法除之各得 卻於丙內退二十八 合問

☞ 역자 주: 문제의 조건에 따르면 갑이 갖는 돈을 x라 할 때 다음 식이 성립한다.

$$x+\frac{2}{3}x+(x-28)=100$$

따라서 갑, 을, 병이 $100+28$을 $1:\frac{2}{3}:1$, 즉 $3:2:3$으로 나누는 것으로 생각하

여 128의 $\frac{3}{8}$과 $\frac{2}{8}$가 각각 갑과 을의 몫이고, 갑의 몫에서 28을 빼어 병의 몫을 구한 것이다.

〔21-10〕 네 사람이 돈 928관을 나눈다. 순차적으로 3·7의 비율에 따라서 나누면 각각 얼마씩 갖는가?
四人分錢九百二十八貫 欲遞以三七差分 各幾何

답: 갑 548관 800문
 을 235관 200문
 병 100관 800문
 정 43관 200문
答曰甲五百四十八貫八百文 乙二百三十五貫二百文
 丙一百貫八百文 丁四十三貫二百文

〔〈지남산법〉에 4·6차분에서 차례로 1.5를 곱해서 그 수를 만드는 것이 있다. 가령 갑의 비율이 4이면 1.5를 곱하여 6을 만들어 을의 비율이 된다. 다시 6에 1.5를 곱하여 9를 얻어 병의 비율이 된다. 양휘의 책에는 3·7차분의 답을 계속 구하는 것이 있다.〕
〔指南算法有四六差分 遞用加五可以致其數 如甲衰四加五作六爲乙之衰 又於六上加五得九爲丙之衰 楊輝有人求三七差術繼答之以補衰分之萬一〕

풀이의 요점: 갑, 을, 병7, 정3을 놓는다. 〔병의 7은 3이 될 수 없다. 마땅히 3을 곱하여 병, 정의 수에서 을의 차분을 만든다.〕 갑, 을 49, 병 21, 정 9〔을의 차분은 3이 될 수 없다. 역시 3을 곱하여 아래에서부터 갑의 차분을 만든다.〕 갑 343, 을 147, 병 63, 정 27, 네 개의 차분을 모두 합하면 580을 얻어 법으로 한다. 나누어 가질 돈에 각 사람의 비율을 곱하여 법으로 나누면 합당한 답을 얻는다. 〔X는 산대에서 4를 나타낸다. 위에 1을 더한 것, 바로 $\overline{\text{X}}$는 9이다. 즉 9이다. 지금 생각하면 먼저 정의 차분 3을 세우고 7배하고 3으로 나누면 병의 차분 7을 얻는다. 다시 7배하고 3으로 나누고자하나 나누어 떨어지지 않는다.

따라서 3이 될 수 없다고 한다. 이제 정의 차분을 3으로 통분하여 3배 하면 9가 정의 차분이 되고 7배하여 3으로 나누어 얻은 21이 병의 차분이 되고 다시 7배 하여 3으로 나눈 49가 을의 차분이 된다. 다시 7배 하여 3으로 나누고자하여도 나누어 떨어지지 않으므로 따라서 역시 3이 될 수 없다고 말한다. 여기서 통분하여 3을 곱하여 정의 차분은 27, 병의 차분, 을의 차분의 순서로 7배하여 3으로 나누어 갑에 이르러 그친다.〕

術草曰列置甲 乙 丙7 丁3〔丙七不可爲三 宜以三因丙丁數 生乙差〕甲 乙 49 丙21 丁9〔乙之差不可爲三 亦以三因 下位生甲差〕甲343 乙147 丙63 丁27 副併四差得五百八十爲法 以所均之錢 各乘列衰 以法除之 合問〔X 算象之四 卽 |||| 上加一 則九 $\bar{\text{X}}$ 卽9○今按先立丁差三 乃七之三而一 得丙差七 又七之三而一除不盡 故曰不可爲三也 乃置丁差三以通分入之三之 得九爲丁差 七之一[144]而一得丙差二十一 又七之三而一 得乙差四十九 又七之三而一除不盡 故亦曰不可爲三也 内置丁差九 又以通分入之三之 得二十七 循次而上每七之三而一 至甲而止〕

☞ 역자 주: 3·7차분에 의한 비율은 다음과 같다.

갑	을	병	정		
		7	3	(2개 항의 비율)	
	7	3			병의 비율 7을 3으로 만들 수 없으므로
	49	21	9	(3개 항의 비율)	3을 곱하여 세 항의 비율을 만든 것
7	3				을의 비율 49에 대해서도 마찬가지이므로
343	147	63	27	(4개 항의 비율)	3을 곱하여 네 항의 비율을 만듦

이는 <구일집> 天의 범례 1에서와 같이 다음 비례식으로부터 얻는 것이다.

$$\left(\frac{7}{3}\right)^3 : \left(\frac{7}{3}\right)^2 : \frac{7}{3} : 1 = 343 : 147 : 63 : 27$$

〔21-11〕 지금 갑, 을, 병, 정 네 사람이 실 544근을 위에서부터 4·6차분으로〔$\frac{6}{10}$〕 나누면 각각 얼마씩 갖는가?

144) 三으로 고쳐야 한다.

今有甲乙丙丁分絲五百四十四斤 從上作四六差〔十分之六〕分 得各得幾何

답: 갑 250근, 을 150근, 병 90근, 정 54근
答曰甲二百五十斤 乙一百五十斤 丙九十斤 丁五十四斤

갑의 비율을 1000으로 할 때 6배[145]하여 600이 을의 비율이고 다시 6배하여 360이 병의 비율이고 다시 6배하여 216이 정의 비율이 되어 네 수를 모두 합하여 2176을 법으로 한다. 실(絲)의 총량에 1000을 곱하여 실로 한다. 실을 법으로 나누면 갑이 갖는 실(絲)이고, 이것에 6을 곱하면 을의 실(絲), 다시 6을 곱하면 병이 갖는 실(絲), 다시 6을 곱하면 정의 실(絲)이다. 모두 역시 6을 곱한다. 각각 근으로 간단히 나타낸다.
甲率一千 六因之六百爲乙率 又六因之三百六十爲丙率 又六因之二百一十六爲丁率 四位共二千一百七十六爲法 列共絲通兩一千之爲實 除得甲絲 六之乙絲 又六之丙絲 又六之丁絲 皆亦六因也 各斤率約之

☞ 역자 주: 갑, 을, 병, 정의 비율이 1000 : 600 : 360 : 216이므로 544에 대한 각각의 몫은 차례로 $\frac{1000}{2176}$, $\frac{600}{2176}$, $\frac{360}{2176}$, $\frac{216}{2176}$을 곱하여 얻는다.

〔21-12〕 지금 관에서 가는 실 4860근으로 비단을 짜고자 갑, 을, 병, 정, 무, 기 여섯 마을에 위에서부터 2·8차분〔$\frac{6}{10}$〕[146]의 비율로 비단을 짜게 하였다. 이때 한 필을 짜는 데 필요한 실은 2근 4냥이다. 각 마을의 나누어 받는 실과 짜는 비단은 각각 얼마인가? 〔필법은 32자이다.〕
今有官細絲四千八百六十斤 欲織西錦 令甲乙丙丁戊己六局 從上作二八差〔十分之六[147]〕分之 每匹用絲二斤四兩 問分絲織錦各幾何 〔匹法三十二尺〕

145) 을, 병, 정의 비율을 구할 때 6배하는 것과 실의 양을 구할 때 6을 곱하는 것은 6/10배이므로 실제로는 0.6을 곱하는 것이다.

146) $\frac{8}{10}$ 이다.

답: 갑의 실 $1317\frac{141}{427}$근, 비단 585필 1장 $5\frac{155}{427}$자

을의 실 $1053\frac{369}{427}$근, 비단 468필 1장 $2\frac{155}{427}$ 148)자

병의 실 $843\frac{39}{427}$근, 비단 374필 2장 $2\frac{270}{427}$자

정의 실 $674\frac{202}{427}$근, 비단 299필 2장 $4\frac{216}{427}$자

무의 실과 비단, 기의 실과 비단도 모두 위와 같은 방법으로 구한다.

答曰甲絲一千三百一十七斤四百二十七分斤之一百四十一
　錦五百八十五匹一丈五尺四百二十七分尺之一百五十五
乙絲一千空五十三斤四百二十七分斤之三百六十九
　錦四百六十八匹一丈二尺四百二十七分尺之一百五十五149)
丙絲八百四十三斤四百二十七分斤之三十九
　錦三百七十四匹二丈二尺四百二十七分尺之二百七十
丁絲六百七十四斤四百二十七分斤之二百空二
　錦二百九十九匹二丈四尺四百二十七分尺之二百一十六
戊絲錦 已絲錦 皆倣上求之

갑의 비율을 100000이라 하면 을의 비율은 80000, 병의 비율은 64000, 정의 비율은 51200, 무의 비율은 40960, 기의 비율은 32768이다. 모두 더하여 법으로 한다. 〔위의 여섯 비율을 모두 합하면 368928이다.〕 실(絲) 4860근에 각각의 비율을 곱하여 여섯 마을의 실(實)이라 하고 법으로 나누면 각 마을이 나누어 갖는 실(絲)이다. 나누어 떨어지지 않으면 분수로 나타내어 864로 약분한다. 다시 비단 한 필을 짜는 데 필요한 실을 냥으로 나타내어 분모 427을 곱하여 법으로 한다. 각 마을의 실(絲)을 가분수로 나타내어 그 분자에 16을 곱하여 각 마을의 실(實)로 하고 법으로 나누어 비단의 필수를 얻고, 법에 미치

147) 八로 고쳐야 한다.

148) $2\frac{124}{427}$로 고쳐야 한다.

149) <산학계몽>에 분자가 一百二十四로 되어 있다.

지 못한 것은 필법으로 곱하여 자로 나타내고 자 이하는 분수로 나타내어 36으로 나눈다.

甲率一十萬 乙率八萬 丙率六萬四千 丁率五萬一千二百 戊率四萬空九百六十 己率三萬二千七百六十八 爲差副併爲法〔右六率副併得三十六萬八千九百二十八爲法〕 以絲四千八百六十斤乘未併者六局 各得數爲列實而一 不滿法者各八百六十四約之 得分絲數 又以用絲通内以分母四百二十七乘之爲法 各列絲通内得數 各以十六乘之 六局各得數各自爲實而一得匹實 不滿法以匹法乘之 如前法而一得尺 不滿法者 各以三十六約之 合問

☞ 역자 주: 갑, 을, 병, 정, 무, 기의 비율은 다음과 같다.

100000 : 80000 : 64000 : 51200 : 40960 : 32768

따라서 4860에 대한 각각의 실은 4860에 차례로 $\frac{100000}{368928}$, $\frac{80000}{368928}$, $\frac{64000}{368928}$, $\frac{51200}{368928}$, $\frac{40960}{368928}$, $\frac{32768}{368928}$을 곱하여 얻는다.

한편 비단은 위에서 구한 실의 양(근)에 16을 곱하여 냥으로 고치고 1필 짜는데 필요한 2근 4냥, 즉 36냥으로 나누면 된다. 이렇게 얻은 '필' 수의 분수 부분은 필법 32(1필=32자)로 곱하여 '자'로 나타낸다.

〔21-13〕 지금 어느 고을에서 9등급으로 나누어 세금을 내는 집들이 있다. 갑등세를 내는 집은 364호, 을등세를 내는 집은 396호, 병등세를 내는 집은 432호, 정등세를 내는 집은 570호, 무등세를 내는 집은 584호, 기등세를 내는 집은 676호, 경등세를 내는 집은 850호, 신등세를 내는 집은 920호, 임등세를 내는 집은 1608호이다. 지금 양곡 65664섬을 거두어 들이고자하며 각 등수 사이의 차는 1섬 6말로 배정한다. 각 집마다 등급에 따라서 얼마씩 내야하는가?

今有某州所管九等稅户 甲等三百六十四户 乙等三百九十六户 丙等四百三十二户 丁等五百七十户 戊等五百八十四户 已等六百七十六户 庚等八百五十户 辛等九百二十户 壬等一千六百空八户 今科粮六萬五千六百六十四碩 今作等數各差一碩六斗配之 問每户逐等各幾何

답: 갑등세 각 집은 18섬 5말 3되 2홉 반

364호 모두 67458말 3되

이하 8등급 모두 이와 같이 구한다.

答曰甲每户一十八碩五斗三升二合半

三百六十四户共六萬七千四百五十八斗三升

○已下八等皆倣此求之

☞ 역자 주: 이하 8등급을 구하면 다음과 같다.
을등세 각 집은 16섬 9말 3되 2홉 반, 396호 모두 67052말 7되
병등세 각 집은 15섬 3말 3되 2홉 반. 432호 모두 66236말 4되
정등세 각 집은 13섬 7말 3되 2홉 반, 570호 모두 78275말 2되 5홉
무등세 각 집은 12섬 1말 3되 2홉 반. 584호 모두 70853말 8되
기등세 각 집은 10섬 5말 3되 2홉 반, 676호 모두 71199말 7되
경등세 각 집은 8섬 9말 3되 2홉 반, 850호 모두 75926말 2되 5홉
신등세 각 집은 7섬 3말 3되 2홉 반, 920호 모두 67459말
임등세 각 집은 5섬 7말 3되 2홉 반, 1608호 모두 92178말 6되이다.

갑등 호수를 8배하고 을등 호수를 7배하고 병등 호수를 6배하고 정등 호수를 5배하고 무등 호수를 4배하고 기등 호수를 3배하고 경등 호수를 2배하고 신등 호수를 1배하고 모두 8개의 수를 합하여 여기에 등급의 차로 내는 1섬 6말을 곱하여 포차로 한다. 호수 전체의 수에 10섬 2말 6되를 곱하면〔만약 집집마다 일정하게 같이 내면 한 집에 10섬 2말 6되를 낸다.〕[150] 656640을 얻고 여기에서 포차를 뺀 나머지를 실로 한다. 전체 호수 6400을 법으로 하여 나누면 임등급의 한 집에서 내는 양곡의 수이다. 여기에 차 1섬 6말을 차례대로 더해가면 각 등수의 한 집에서 내는 양곡의 수이다. 각 등급의 호수가 모두 내는 양곡의 수는 한 집에서 내는 수에 그 등급의 호수를 곱하면 합당한 답이다.

甲等户八之 乙等户七之 丙等户六之 丁等户五之 戊等户四之 已等户三之 庚等户二之 辛等户一之 共八位併之 以差乘之爲抛差 併共户以率户粮一十碩二斗六升乘之〔若是均科每户 得一十石二斗六升〕得六十五萬六千六百四十 内減抛差餘爲實 以共户六千四百爲法而一 得壬等每户數 各加差一碩六斗 得逐等每户粮數 求各等共粮者 以各户粮數乘其各等之户 合問

150) 세금 총수 65664섬은 문제에 주어져 있기 때문에 이 계산은 사실상 필요 없다.

☞ 역자 주: 임등급의 한 집 몫을 x라 하면 다음 방정식이 성립한다.

$$1608x+920(x+16)+850(x+32)+676(x+48)+584(x+64)$$
$$+570(x+80)+432(x+96)+396(x+112)+364(x+128)=656640$$
$$x(1608+920+850+676+584+570+432+396+364)$$
$$=656640-16(920+850\cdot 2+676\cdot 3+584\cdot 4+570\cdot 5+432\cdot 6+396\cdot 7$$
$$+364\cdot 8)$$

이 식을 풀어 $x=89.325$(임등급의 한 집 몫)를 얻고, 16말씩 더하면 나머지 등급의 한 집 몫을 차례로 얻는다.

〔21-14〕 지금 어느 현에서 상, 중, 하 세 고을에 벼 10870섬 8되를 나누어준다. 상, 중, 하 세 마을은 상을 따라 절반차〔절반이라 말하는 것은 가령 상마을이 6섬이면 중마을은 3섬, 하마을은 1섬 5말과 같은 것이다.〕로 나누어주고 다시 상마을에서는 3등급의 마을들에게 9·1절〔$\frac{9}{10}$〕의 비율로, 중마을에서는 3등급의 마을들에 2·8절〔$\frac{8}{10}$〕의 비율로, 하마을에서는 3등급의 마을들에 3·7절〔$\frac{7}{10}$〕의 비율로 나누어준다. 지금 상마을에서 상등급은 56호, 중등급은 74호, 하등급은 98호이고 중마을에서 상등급은 82호, 중등급은 120호, 하등급은 160호이고 하마을에서 상등급은 95호, 중등급은 172호, 하등급은 180호이다. 세 마을의 9등급 각각의 집들은 벼를 얼마씩 받는가?
今有某縣配粟〔稻粟〕一萬空八百七十碩八升　於上中下三鄉　從上作折半差〔折半謂如上鄉六碩　中鄉三碩　下鄉一碩五斗〕配之　又上鄉三等作九一折〔十之九〕 中鄉三等作二八折〔十之八〕 下鄉三等作三七折〔十之七〕 其上鄉上等五十六户　中等七十四户　下等九十八户　中鄉上等八十二户　中等一百二十户　下等一百六十户　下鄉上等九十五户　中等一百七十二户　下等一百八十户　問三鄉九等各粟幾何

답: 상마을 228호 모두 5251섬 4말 8되
상등급 한 집 당 26섬, 56호 모두 1456섬
〔지금 다만 상마을 상등급만 구하였으나 그 나머지도 차례로 모두 구

할 수 있다.]

答曰上鄕二百二十八户 共五千二百五十一碩四斗八升

上等每户二十六碩 五十六户共一千四百五十六碩

〔今只見上鄕上等 次次可推其餘〕

☞ 역자 주: 나머지를 구하면 다음과 같다.

중등급 한 집 당 23섬 4말, 74호 모두 1731섬 6말

하등급 한 집 당 21섬 6되, 98호 모두 2063섬 8말 8되

중마을 상등급 한 집 당 13섬, 82호 모두 1066섬

중등급 한 집 당 10섬 4말, 120호 모두 1248섬

하등급 한 집 당 8섬 3말 2되, 160호 모두 1331섬 2말

하마을 상등급 한 집 당 6섬 5말, 95호 모두 617섬 5말

중등급 한 집 당 4섬 5말 5되, 172호 모두 782섬 6말

하등급 한 집 당 3섬 1말 8되 반, 180호 모두 573섬 3말

나누어줄 식량에 10000을 곱하여 얻은 1087008000을 실로 한다. 상마을의 상등급 호수를 10000배하고 중등급 호수를 9000배하고 하등급 호수를 8100배하고 다시 중마을의 상등급 호수를 5000배하고 중등급 호수를 4000배하고 하등급 호수를 3200배하고 다시 하마을의 상등급 호수를 2500배하고 중등급 호수를 1750배하고 하등급 호수를 1225배하여 아홉 개의 수를 모두 더하여 4180800[바로 9등호의 비율의 수이다.]을 법으로 하여 나누면 26섬을 얻어 이것이 상마을의 상등급 한 집이 받는 식량의 수이다. 9배하면[151] 중등급 한 집이 받는 수이고, 다시 9배하여 하등급의 한 집이 받는 수이다. 다시 상마을 상등급 한 집이 받는 양 26섬을 2로 나누면 중마을 상등급 한 집이 받는 식량의 수이고 8배하면 중등급 한 집이 받는 양, 다시 8배하면 하등급 한 집이 받는 양이다. 다시 중마을 상등급 한 집이 받는 양 13섬을 2로 나누면 하마을 상등급 한 집이 받는 양이고 7배하면 중등급 한 집이 받는 양, 다시 7배하면 하등급 한 집이 받는 양이다. 여기에서 각 등급의 한 집의 비율[한 집에서 받는 벼의 수]과 등급의 호 수를 곱하면 그 등급의 호 수 전체에서 받는 식량의 양이다.

列配粟以一萬乘之 得一十億八千七百萬八千爲實 乃列上鄕上等户一萬之 中

151) 9/10, 즉 0.9배이다. 이하 마찬가지이다.

等九千之 下等八千一百之 又列中鄕上等户五千之 中等四千之 下等三千二百之 又列下鄕上等户二千五百之 中等一千七百五十之 下等一千二百二十五之 九位共得四百一十八萬八百[卽九等户之分數也]爲法而一 得二十六碩 乃上鄕上等户之數 九因乃中等每户數 又九因乃下等每户數 又列上鄕上等每户粟二十六碩折半 乃中鄕上等每户之數 八因乃中等每户數 又八因乃下等每户數 又列中鄕上等每户粟一十三碩折半 乃下鄕上等每户之數 七因乃中等每户數 又七因乃下等每户數 各以每户之率[卽每户之粟數也] 乘其各等之户 卽共粟也 合問

☞ 역자 주: 상, 중, 하 마을의 상등급끼리의 비율은 반으로 줄고, 상마을에서는 $\frac{9}{10}$, 중마을에서는 $\frac{8}{10}$, 하마을에서는 $\frac{7}{10}$로 줄므로 상마을 상등급의 몫을 10000이라 하면 다음과 같은 비가 성립한다.

10000 :	9000 :	8100 :	5000 :	4000 :	3200 :	2500 :	1750 :	1225
상	중	하	상	중	하	상	중	하
상마을			중마을			하마을		

먼저 각 몫의 전체 합을 구한다.

$$56\times10000+74\times9000+98\times8100+82\times5000+120\times4000+160\times3200$$
$$+95\times2500+172\times1750+180\times1225=4180800$$

따라서 상마을 상등급 한 집의 몫은 다음과 같이 구한다.

$$\frac{10870.08\times10000}{4180800}=26(\text{섬})$$

이하 마찬가지로 구한다.

산학입문 (**이수신편 제21권**)

2006년 5월 10일 초판 인쇄
2006년 5월 20일 초판 발행

저　자 / 서명산인 황윤석 (西溟散人 黃胤錫) 편집
역　자 / 강신원 · 장혜원
발행자 / 오판근
발행처 / 교우사

주　소 / 서울 동대문구 제기2동 148-19
전　화 / 925-2861, 929-4865
팩　스 / 925-2860
E-mail / kw2861 @ chollian. net
http: // www. kyowoo. co. kr
등록 / 1994. 3. 24 제6-0256호

ISBN 89-8172-599-3 (94410)
89-8172-590-X (세트)

값 **20,000**원

이 저서는 2002년 한국학술진흥재단의 지원에 의하여 연구되었음.
(KRF-2002-071-CS2001)